中等职业学校示范建设课程改革创新系列教材

中职中专电工电子专业系列教材

电工技能与实训

（修订版）

李晓宁　蒲志渝　主编

罗田鑫　王　谊　罗丽娇　副主编

科学出版社

北　京

内 容 简 介

《电工技能与实训》是在创建国家级示范学校期间，电子与信息技术专业在行业企业调研、典型工作任务与职业能力分析、课程体系的形成、课程标准的撰写的基础上，结合电类专业中级人才的培养要求，以项目为单元、以任务为驱动编写而成的。

本书主要内容有：安全用电、认识与使用电工工具、认识与使用电工材料、认识与使用电工仪表、识别与检测常用电工元件、安装与检测简单照明电路，共 6 个项目。每个项目又根据实际情况分为多个任务，每个任务又通过活动的形式深入训练。本书内容翔实、图文并茂、简洁明了、易学易用，可使初学者在学习和操作过程中有很大收获和提高。

本书可作为中等职业学校电类专业的专业技术实训教材，也可供专业维修人员作为岗位培训教材或自学用书。

图书在版编目(CIP)数据

电工技能与实训/李晓宁，蒲志渝主编. —北京：科学出版社，2014.9

（中等职业学校示范建设课程改革创新系列教材·中职中专电工电子专业系列教材）

ISBN 978-7-03-040446-6

Ⅰ.①电… Ⅱ.①李… ②蒲… Ⅲ. ①电工技术-中等专业学校-教材 Ⅳ. ①TM

中国版本图书馆 CIP 数据核字（2014）第 076758 号

责任编辑：陈砺川 / 责任校对：王万红

责任印制：吕春珉 / 封面设计：一克米

科学出版社出版

北京东黄城根北街 16 号

邮政编码：100717

http://www.sciencep.com

北京中科印刷有限公司 印刷

科学出版社发行　各地新华书店经销

*

2014 年 9 月第 一 版　开本：787×1092　1/16

2023 年 8 月修 订 版　印张：11 1/2

2023 年 8 月第七次印刷　字数：280 000

定价：41.00 元

（如有印装质量问题，我社负责调换〈中科〉）

销售部电话 010-62134988　编辑部电话 010-62135763-1028

前　言

“电工技能与实训”是中等职业学校电子与信息技术及相关专业的一门专业核心课程，该课程实训内容多，操作技能强。通过本课程的学习和实训，可使学生了解安全用电常识，能实施触电急救，能认识与使用电工工具，能认识与使用电工材料，能认识与使用电工仪表，能识别与检测常用电工元件，能安装与检测简单照明电路；为学习后续专业课程打下基础。同时，在学习中，培养学生一丝不苟、尽心敬业的工作态度和工作作风，以及良好的职业道德意识，为今后从事电子行业相关工作并能得到较快发展奠定基础。

本书作为中等职业学校教学用书，在教材的组织编写过程中力求以行业企业调研、典型工作任务与职业能力分析、课程体系的形成、课程标准的撰写为依据，贯彻全国职教学会确立的“以就业为导向，以能力为本位”的职业教育理念。本书在内容选择和体系结构上本着“两个结合”：一是结合中等职业学校学生的实际，二是结合学生就业岗位实际，最大限度地保障教材内容的可读性和实用性，为中职学生在相关专业学习中提供有效的服务。

本书在内容组织上以项目为单元、以任务为驱动，设立安全用电、认识与使用电工工具、认识与使用电工材料、认识与使用电工仪表、识别与检测常用电工元件和安装与检测简单照明电路，共6个项目。每个项目根据实际情况分为多个任务，任务实施采用了活动的方式来编写内容。其中带“*”的任务为选学内容，学生可根据自身情况进行选学。全书通过这种方式来展示本课程的知识和技能，使学生通过学习6个项目的知识和技能，能联系实际，真切地认识到当前所学知识和技能在岗位上的意义和作用，避免了以往教材孤独讲解知识和技能，学生学习完后不知学有何用、什么时候用、怎么用等教学与实践脱节的现象。通过对相关行业企业的深入调研，确立教材中的知识、技能目标，使之保障教材的实用性和时效性。本教材让学生在学习知识和技能的同时还能体会和学习到实际岗位的工作内容和技能，这一点对中职学生就业极具现实意义。

本书在编写上力求用语准确、简洁，图文并茂，恰当地使用表格组织正文（主要是学生活动）的布局，版面整洁，内容清楚，并设计有大量的学生活动，促使学生的学习和教师的教必须坚持以“学生为中心”这一科学的课程教学思想。本教材还根据需要设计了“知识探究”、“知识拓展”等内容，拓展了学生的知识面。这些灵活的版块设计一方面增添了教材版面的活泼性，另一方面便于教师根据学生和教学场地实际情况有效地开展教学。

本教材的编写由我校电子与信息技术专业教学指导委员会指导，由重庆市渝北进修校聂广林研究员担任主审，重庆市九龙坡职业教育中心李晓宁、蒲志渝担任主编，重庆市九龙坡职业教育中心罗田鑫、王谊、罗丽娇担任副主编，重庆市九龙坡职业教育中心袁林、胡建华、李超云、钮长兴、邓万财、姚清平，渝北职教中心李永佳参与编写工作。其中，李晓宁负责编写了项目4中的任务1，项目5中的任务1、任务2，项目6中的任务4；蒲志渝负责编写了项目2中的任务1；袁林负责编写了项目1；胡建华负责编写了项目6中的任务1、任务5；李超云负责编写了项目5中的任务4、任务5；王谊负责编写了项目6中的任务2、任务3；

钮长兴负责编写了项目 3 中的任务 2；罗田鑫负责编写了项目 3 中的任务 1，项目 5 中的任务 3；罗丽娇负责编写了项目 2 中的任务 2、项目 4 中的任务 2；邓万财、李永佳负责编写了项目 4 中的任务 4；姚清平、李永佳负责编写了项目 4 中的任务 3。全书由李晓宁、蒲志渝共同制定编写大纲和负责编写的组织工作及统稿。

本书得到了格力电器（重庆）有限公司、富士康科技（重庆）有限公司、广达集团（重庆）有限公司、旭硕科技（重庆）有限公司、东电通信技术有限公司、重庆敬明电器实业有限公司等技术骨干的大力支持和帮助，在此一并致以衷心的感谢！对书中存在的疏漏、不足及疑问之处，恳请广大读者、专家批评指正，以便再版时修改。

联系方式：327014640@qq.com，1293957385@qq.com。

编 者

目　　录

项目1

安 全 用 电

项目描述

电是人类的朋友，但是使用不当或操作不当就会给人类带来伤害。对于从事电类工作的人员，必须懂得安全用电常识，树立安全责任重于泰山的观念，避免触电事故，以保护人身和设备的安全。本项目主要介绍触电的种类与形式、触电的预防和触电后的急救、防雷及电气火灾的扑救等内容。

任务1　触电的种类及形式

知识目标

1）能说出触电事故发生的规律。

2）能复述触电的基本概念和分类。

技能目标

能将触电的方式转告给其他人，让大家提高警惕。

任务导入

电，在我们的生活、学习和工作中是不可或缺的，做到“安全、可靠、经济、合理”地使用电能，将会大大提高我们的生活、学习和工作质量。

活动1　触电的种类

知识探究

1. 触电的概念

所谓触电，就是指当人体接触或接近带电体而引起局部受伤或死亡的现象。触电事故通常分为电击和电伤两大类。

（1）电击

电击是指电流通过人体时所造成的内伤。按照发生电击时电气设备的状态，电击可分为直接接触电击和间接接触电击。直接接触电击是触及设备和线路正常运行的带电体发生的电击，如误触接线端子发生的电击。间接接触电击是触及正常状态下不带电，当设备或线路故障时意外带电的导体发生的电击，如触及漏电设备的外壳发生的电击。电击后的人体表现如图1-1-1所示。

绝大部分低压触电身亡事故都是电击造成的。

（2）电伤

电伤是指在电流的热效应、化学效应、机械效应、磁效应以及电流本身作用下对人体外部组织或器官造成的外伤。如电击伤、金属溅伤及电烙印等。电伤伤害的表现如图1-1-2所示。

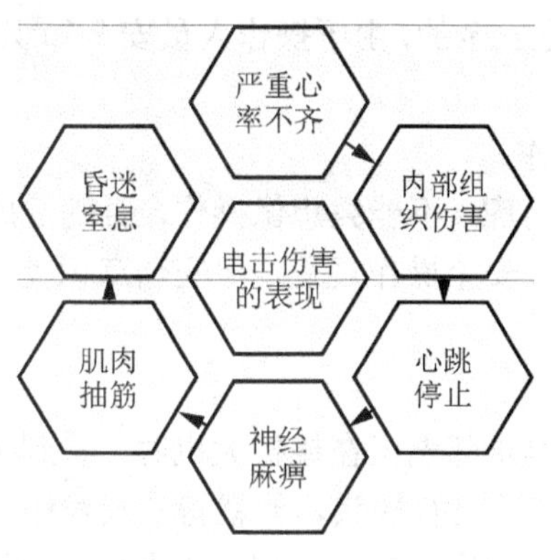

图 1-1-1 电击伤害表现

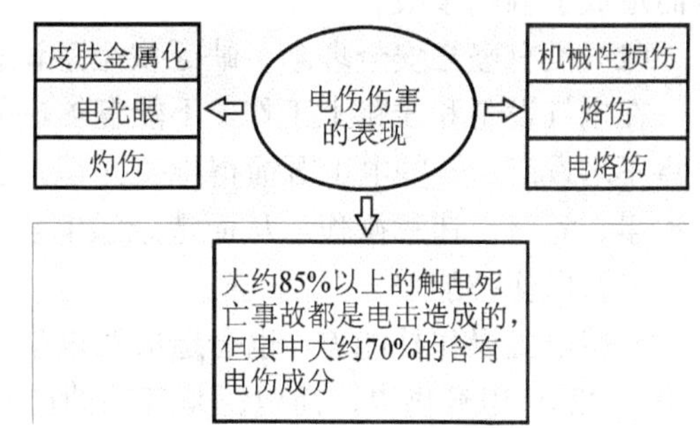

图 1-1-2 电伤伤害的表现

2. 触电事故发生的规律

触电事故的发生有明显的规律，因此了解触电事故发生的规律，有利于减少触电事故的发生。触电事故发生的规律见表 1-1-1。

表 1-1-1 触电事故发生的规律

规律	原因
明显的季节性	一般每年以二、三季度事故居多，6～9 月最集中。因为夏、秋两季天气潮湿、多雨，降低了电气设备的绝缘性能；人体多汗皮肤电阻降低，容易导电；天气炎热，电扇用电或临时线路增多，且操作人员常常不穿戴工作服和绝缘护具；正值农忙季节，农村用电量和用电场所增加，触电率增多
低压触电多于高压触电	低压设备多、电网广，与人接触机会多；低压设备简陋且管理不严，思想麻痹，多数群众缺乏电气安全知识
携带式设备和移动式设备触电事故多	一方面，主要是由于这些设备需要经常移动，工作条件较差，设备和电源线都容易发生故障或损坏；另一方面，这些设备是在人的紧握之下工作，不但接触电阻小，而且一旦触电就难以摆脱电源；此外，单相携带式设备的保护零线和工作零线容易接错，也会发生触电事故
农村触电事故多于城市	农村触电死亡事故占总数的 85%左右，城市占 15%左右。主要是由于农村用电条件差，设备简陋，技术水平低，管理不严
青年和中年触电多	一方面是因为中青年是主要操作者；另一方面因这些人经验不足，又比较缺乏安全知识，其中有的责任心不强，以致触电事故较多
单相触电事故多，占 70%以上	单相设备多、电网非常广，民用电几乎都是单相设备，使用人群复杂
电气连接部位事故点多	电气接头、插销、开关等连接部位机械牢固性较差，电气可靠性也较低，尤其是乱拉乱接更容易出现故障，造成人身触电

3. 触电事故发生的因素

（1）缺乏安全知识

一些电工虽然掌握了一定的电工操作技能，但电工知识不足，容易发生触电事故。例如，2004 年某硼矿坑道里发生一起 36V 安全电压触电死亡事故：事发时正值夏季连雨天，空气潮湿，操作人员光着脚在坑道积水中，手拿导线连接处的裸露部分操作，导致触电身亡。36V

电压是一般环境中的安全电压，但不是任何情况下都是安全的，由于操作人员安全知识不足，从而造成了触电事故。

（2）没有竖立安全理念、缺乏安全意识和违章操作

在电气设备和线路上工作，不能有丝毫的麻痹和马虎，不能凭想像操作，否则造成的后果将不堪设想。一些电工既懂得电工知识，也知道电工安全操作规程，但安全意识差，有时图省事、省时，违章操作，从而造成触电事故。

（3）操作技能差

一些电工操作技能差，也会造成触电事故。如某俱乐部电工在接扩大机时，看到扩大机是单相 220V 电源供电，而电源是三芯的橡胶护套软线，没有插头，他就将三根线中的接地线和工作零线接在一起，将三根线头变成两根，然后将两根线接在两相插头上接入电源；接入电源后去试扩大机效果，左手拿话筒，右手扶梯子，结果触电身亡。

（4）安全管理不健全、电气管理不严格及缺乏安全检查

由于安全管理不健全，电气管理不严格，缺乏安全检查，也会造成一些触电事故。例如，某机械公司打桩工地，电工在整理临时用电线路时，现场线路多处绝缘出现破损和接头，当接触到破损绝缘和接头时，发生了触电事故。

（5）不懂得电气安全操作知识导致触电事故

在触电死亡人员中，有的不是电工，不懂得电工安全知识，却去为电气设备或线路接线、维修、操作等，导致了触电事故。

统计表明，90%以上的事故是由两个以上原因引起的。造成触电事故的具体原因有：缺乏电气安全知识、违反操作规程、设备不合格及维修不善等。由于电气线路设备安装不符合要求，直接造成了触电事故；由于电气设备运行检修管理不当，绝缘损坏而漏电，又没有有效的安全措施，也会造成触电事故；接线错误，特别是插销座接错线，造成过很多触电事故；由于操作失误，带负荷拉闸，未拆除接地线合闸等均会引起电弧，导致触电；检修工作中，保证安全的组织措施、技术措施不完善，误入带电间隔、误登带电设备、误合开关等都会造成触电事故；高压线断落地面可能造成跨步电压触电等。应当注意，很多触电事故都不是由单一原因引起的，希望人们提高警觉，尽量避免触电事故的发生。

练一练

1. 什么是触电？按触电对人体的伤害方式，可分为哪几种？
2. 简述触电发生的规律。并说出自己在生活、学习中，哪些场所容易发生触电事故？

活动 2　触电的方式

知识探究

触电通常分为直接接触触电和间接接触触电两大类。

直接接触触电又可分为单相触电、两相触电和电弧伤害；间接接触触电又可分为跨步电

压触电和接触电压触电。具体见表 1-1-2。

表 1-1-2 常见触电方式

分类		定义	示意图
直接接触触电	单相触电	当人体直接碰触带电设备其中的一相时，电流通过人体流入大地，这种触电现象称为单相触电。对于高压带电体，人体虽未直接接触，但由于超过了安全距离，高电压对人体放电，造成单相接地而引起的触电，也属于单相触电 低压电网通常采用变压器低压侧中性点直接接地和中性点不直接接地（通过保护间隙接地）的接线方式，这两种接线方式发生单相触电的情况如右图所示	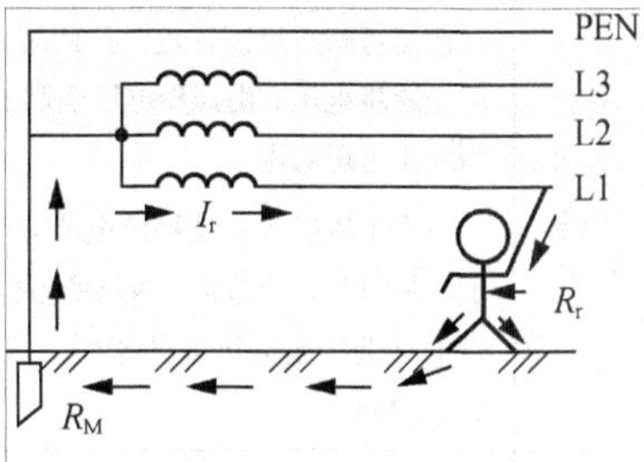 PEN L3 L2 L1 I_r R_r R_M 中性点直接接地 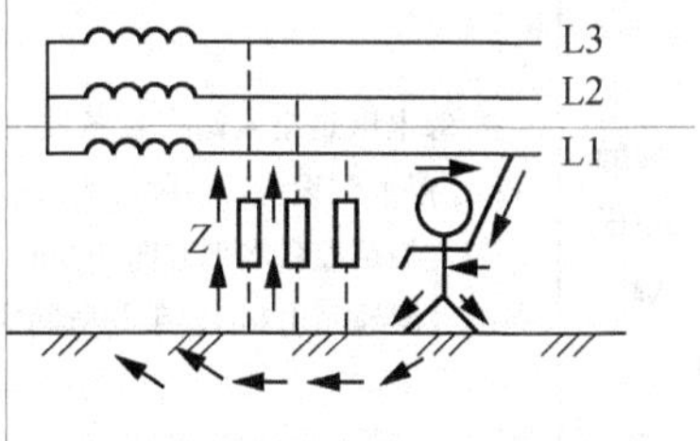 L3 L2 L1 Z 中性点不直接接地
	两相触电	人体同时接触带电设备或线路中的两相导体，或在高压系统中，人体同时接近不同相的两相带电导体，而发生电弧放电，电流从一相导体通过人体流入另一相导体，构成一个闭合回路，这种触电方式称为两相触电	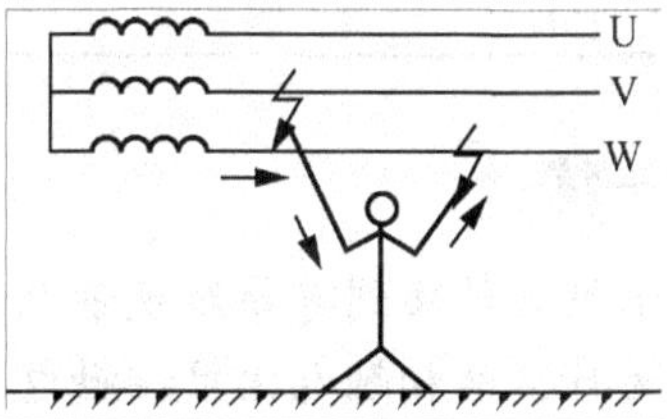 U V W
	电弧伤害	气体间隙被强电场击穿时的一种触电现象	 高压电弧触电

续表

分类		定义	示意图
间接接触触电	跨步电压触电	当电气设备发生接地故障，接地电流通过接地体向大地流散，在地面上形成电位分布时，若人在接地短路点周围行走，其两脚之间的电位差，就是跨步电压。由跨步电压引起的人体触电，称为跨步电压触电 跨步电压的大小受接地电流大小、鞋和地面特征、两脚之间的跨距、两脚的方位以及距离接地点的远近等诸多因素的影响。人的跨距一般按0.8m考虑	
	接触电压触电	接触电压是指人站在设备发生接地短路故障旁，手触摸到设备，两手和脚之间所承受的电压。一般是指距设备水平方向 0.8m，人手触及设备外壳（距地面 1.8m），手与脚间的电位差	对地电压（%） 100 接触电压 电位分布 距离/m 20m

练一练

1. 如果在外碰到有导线或带电体脱落在地，你应当如何离开现场？
2. 为什么两相触电比单相触电危害性更大？

知识拓展

电流对人体的伤害

电流对人体的伤害就是通常所说的触电。大量事实证明，发生触电事故时，电流比电压对人体的效应更直接。

大量的动物试验及触电事故案例分析表明，当电流通过人体内部时，其对人体伤害的严重程度与电流通过人体时的强度、持续时间、途径和人体电阻、电流种类及人体状况等诸多因素有关，而各因素之间又有着十分密切的联系。

1. 伤害程度与电流强度的关系

电流通过人体时，人体就会有麻、痛等感觉，严重的会引颤抖、痉挛、心脏停止跳动，直至死亡。通过人体的电流越大，人体的生理反应越明显，人体感觉越强烈，致命的危险性就越大。

对于工频交流电，按照通过人体电流的大小可使人体呈现不同的状态，据此可将电流划

分为三级。

（1）一级：感知电流

引起人的感觉的最小电流称为感知电流。人接触这样的电流会有轻微麻感。实验表明，成年男子平均感知电流有效值约为 1.1mA，成年女性约为 0.7mA。

（2）二级：摆脱电流

人触电后能自行摆脱带电体的最大电流称为摆脱电流。摆脱电流是有较大危险的界限电流值，若电流超过摆脱电流则可能会导致触电者昏迷、窒息，甚至死亡。成年男子平均摆脱电流有效值约为 16mA，成年女性约为 10.5mA，儿童较成年人更小。

（3）三级：致命（室颤）电流

通过人体引起心室发生纤维颤动，短时间作用的最小致命电流，称为致命（室颤）电流。电流达到 50mA 以上，就会引起心室发生纤维颤动，有生命危险；电流达到 100mA 以上，则足以致死。

电流对人体的作用见表 1-1-3。

表 1-1-3　电流对人体的作用

电流/mA	作用的特征	
	50～80Hz 交流电（有效值）	直流电
0.6～1.5	开始有感觉，手轻微颤抖	没有感觉
2～3	手指强烈颤抖	没有感觉
5～7	手指痉挛	感觉痒和热
8～10	手已较难摆脱带电体，手指尖至手腕均感剧痛	热感觉较强，上肢肌肉收缩
50～80	呼吸麻痹，心室开始颤动	强烈的灼热感，上肢肌肉强烈，收缩痉挛，呼吸困难
90～100	呼吸麻痹，持续时间 3s 以上则心脏麻痹，心室颤动	呼吸麻痹
300	持续 0.1s 以上可致心跳、呼吸停止，机体组织可因电流的热效应而受到破坏	

2. 伤害程度与通电时间的关系

通电时间越长，越容易引起心室颤动，电击危险性也越大。其原因有以下几点：

1）通电时间长，能量积累增加，引起心室颤动的电流强度降低。当通电时间在 0.01～5s 范围内时，心室颤动电流和通电时间的关系可用下式表达：

$$I = 116\sqrt{t}$$

式中，I 为心室颤动电流（mA）；t 为电流持续时间（s）。

2）通电时间短促时，只在心脏搏动的特定时刻才可能引起心室颤动。因此，通电时间越长，与该时刻重合的可能性越大，心室颤动的可能性越大，亦即电击的危险性也越大。

3）通电时间越长，体电阻因出汗等原因降低，导致通过人体的电流进一步增加，电击危险性亦随之增加。

3. 伤害程度与电流种类的关系

电流种类不同，对人体的伤害也不同。其中，工频交流电对人体的伤害最大。不同频率电源对人体伤害的程度如图 1-1-3 所示。

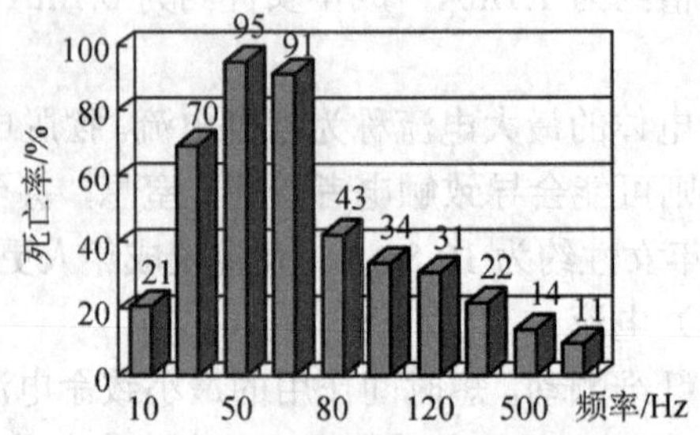

图 1-1-3　不同频率电源对人体伤害的程度

4. 伤害程度与电流途径的关系

左手到胸部，电流途径最短，是最危险的电流途径；从手到手，电流也途经心脏，也是很危险的电流途径；从脚到脚的电流是危险性较小的电流途径，但可能因痉挛而摔倒，导致电流通过全身或摔伤、坠落等二次事故。

5. 伤害程度与人的身体状况的关系

因人体条件的不同，不同的人对电流的敏感程度，以及不同人在遭受同样电流电击时的危险程度都不完全相同。

1）电流作用于人体时，女性的危险性较男性高，女性对电流较男性敏感。女性的感知电流和电摆脱电流约比男性低三分之一。

2）儿童的危险较成人高。

3）体弱有病者较健壮者危险性高；特别是心脏病、高血压、糖尿病、癫痫、神经衰弱及精神病等患者，坚决不能从事电工作业。

4）体重小的危险性一般较体重大的高。

任 务 评 价

任务评价见表 1-1-4。

表 1-1-4　任务评价表

序号	评价指标	配分	评分标准	扣分	得分
1	什么叫触电	5 分	叙述错误 1 次，扣 2 分		
2	电击的概念及表现	5 分	叙述错误 1 次，扣 2 分		
3	电伤的概念及表现	10 分	叙述错误 1 次，扣 5 分		
4	触电事故发生的规律	40 分	叙述错误 1 次，扣 20 分		
5	直接触电中单相触电的概念	10 分	叙述错误 1 次，扣 5 分		
6	直接触电中两相触电的概念	10 分	叙述错误 1 次，扣 5 分		
7	直接触电中电弧伤害的概念	10 分	叙述错误 1 次，扣 5 分		

续表

序号	评价指标	配分	评分标准	扣分	得分
8	跨步电压触电的概念	5分	叙述错误1次，扣1分		
9	接触电压触电的概念	5分	叙述错误1次，扣1分		
总分					

任务2 触电的预防及触电后的急救

知识目标

1）掌握预防触电的措施。

2）掌握触电的现场急救方法。

3）掌握口对口人工呼吸和胸外心脏挤压法的技术要领。

技能目标

1）能使触电者以最快的速度摆脱电源。

2）能用口对口人工呼吸法进行触电急救。

3）能用胸外心脏挤压法进行触电急救。

任务导入

前面我们已经学习了触电的相关知识，那么，如何减少触电事故的发生，一旦发生了触电事故，我们又应当怎么做呢？下面就来学习触电的预防及触电后的急救相关知识。

活动1 预防触电的措施

知识探究

直接接触触电的主要技术措施有绝缘、屏护和安全距离；间接接触触电的主要技术措施有保护接地、保护接零、加强绝缘、电气隔离、不导电环境、等电位连接、安全电压及装设漏电保护等。其中，保护接地、保护接零及安全电压是防止间接接触触电的主要措施。

1. 直接接触触电的主要技术措施

直接接触触电的主要技术措施见表1-2-1。

表 1-2-1　直接接触触电的主要技术措施

技术措施	作用	特点
绝缘	绝缘就是使用不导电的物质将带电体隔离或包裹起来，以防止触电的一种安全措施。良好的绝缘对于保证电气设备与线路的安全运行、防止人身触电事故的发生是最基本的和最可靠的手段	绝缘材料的电气性能主要由绝缘电阻、击穿电流强度、泄漏电流和介质损耗等指标来衡量。绝缘电阻是电气设备和电气线路最基本的绝缘指标
屏护	屏护是指采用专门的装置把危险的带电体同外界隔离开来，防止人体接触或过分接近带电体、电气设备而发生短路，以及便于安全操作的安全防护措施	屏护装置主要包括遮栏、栅栏、围墙、罩盖、箱闸、保护网等。其特点是：屏护装置不直接与带电体接触，对所用材料的电气性能无严格要求，但应有足够的机械强度和良好的耐火性能。如胶盖刀开关的胶盖，铁壳开关的铁壳等，开启式石板刀开关，要另加屏护装置
安全距离	电气安全距离是指人体、物体等接近带电体不会发生危险的距离	安全距离包括电气间隙（空间距离）、爬电距离（沿面距离）和绝缘穿透距离

2. 间接接触触电的主要技术措施

间接接触触电的主要技术措施见表 1-2-2。

表 1-2-2　间接接触触电的主要技术措施

<table>
<tr><th>技术措施</th><th>作用</th><th colspan="2">特点</th></tr>
<tr><td>保护接地</td><td>为了防止人体因电气设备绝缘损坏而遭受触电，将电气设备的金属外壳与接地体连接，称为保护接地</td><td colspan="2">采用外壳接地时，接地短路电流将同时延着接地体和人体与电网对地绝缘阻抗形成两条通路，使流入人体的电流极小，从而保护人身安全</td></tr>
<tr><td>保护接零</td><td>为了防止人体因电气设备绝缘损坏而遭受触电，将电气设备的金属外壳与电网的零线相连接，称为保护接零</td><td colspan="2">采用保护接零方式时，设备发生外壳漏电，接地短路电流通过该相和零线构成回路，由于零线阻抗很小，短路电流很大，使低压断路器或继电保护动作，从而切除故障</td></tr>
<tr><td rowspan="5">安全电压</td><td rowspan="5">安全电压指把可能加在人体上的电压限制在某一范围之内，使得在这种电压下，通过人体的电流不超过允许的范围</td><td>42V</td><td>在有触电危险的场所使用手持式电动工具等</td></tr>
<tr><td>36V</td><td>在潮湿场所，如矿井、多导电粉尘及类似场所使用的行灯等</td></tr>
<tr><td>24V</td><td>工作面积狭窄操作容易大面积接触带电体的场所，如在锅炉、金属窗体内等</td></tr>
<tr><td>12V</td><td>人体需要长期触及器具上带电体的场所</td></tr>
<tr><td>6V</td><td>水上作业及特别潮湿场所</td></tr>
</table>

保护接地与保护接零的主要区别有以下几点：

1）保护原理不同：保护接地是限制设备漏电后的对地电压，使之不超过安全范围。在高压系统中，保护接地除限制对地电压外，在某些情况下，还有促使电网保护装置动作的作用；保护接零是借助接零线路使设备漏电形成单相短路，促使线路上的保护装置动作，以及切断故障设备的电源。此外，在保护接零电网中，保护零线和重复接地还可限制设备漏电时的对地电压。

2）适用范围不同：保护接地既适用于一般不接地的高低压电网，也适用于采取其他安全措施（如装设漏电保护器）的低压电网；保护接零只适用于中性点直接接地的低压电网。

3）线路结构不同：如果采取保护接地措施，电网中可以无工作零线，只设保护接地线；如果采取保护接零措施，则必须设工作零线，利用工作零线作接零保护。保护接零线不应接开关、熔断器，当在工作零线上装设熔断器等开断电器时，还必须另装保护接地线或接零线。

练一练

1. 直接接触触电和间接接触触电的主要技术措施有哪些？
2. 我国安全电压等级有哪些？各适用于什么环境？

活动 2　触电的现场急救

在电气操作和日常用电中，我们采取了一系列的安全措施，避免了许多触电事故的发生。但是，要绝对避免是不可能的。因此，一旦发现有人触电，应按照“迅速、就地、准确、坚持”的原则进行现场急救。同时，及早与医疗部门联系，争取医务人员接替救治。

1. 脱离电源

人体触电后，可能由于痉挛或失去知觉等原因而抓住带电体，不能自行摆脱电源。这时，使触电者尽快脱离电源是对其施救的首要因素。脱离电源的方法选择原则是：安全、快捷。

（1）低压触电者脱离电源的方法

对于低压触电事故，可以采用“拉”、“切”、“挑”和“拽”使触电者脱离电源。具体见表 1-2-3。

表 1-2-3　低压触电者脱离电源的方法

方法	操作	示意图
拉	如果触电地点附近有电源开关或电源插座，可立即拉开电源开关或拔出插头断开电源	

续表

方法	操作	示意图
切	可用有绝缘柄的电工钳或有干燥木柄的斧头切断导线，断开电源	
挑	当导线搭落在触电者身上或被压在身下时，可用干燥的竹竿、木棒等绝缘物挑开导线	
拽	如果触电者的衣服是干燥的，又没有紧缠在身上，可用一只手抓住他的衣服将其拽离电源	

（2）高压触电者脱离电源的方法

对于高压触电事故，脱离电源的方法见表 1-2-4。

表 1-2-4　高压触电者脱离电源的方法

方法	操作
通知有关部门停电	打电话给变电所或配电室，断开高压断路器或隔离开关
断开开关	带上绝缘手套，穿上绝缘鞋，用相应等级的绝缘工具断开开关
抛掷裸导线	先将裸露金属线的一端可靠接地，然后将另一端抛掷向线路，使其短路接地迫使保护装置动作，断开电源

（3）脱离电源时的注意事项

1）救护人员不可直接用手或其他金属及潮湿的物件作为救护工具，必须使用适当的绝缘工具。

2）一般情况下，救护人员应单手操作。

3）要防止触电者脱离电源后可能的摔伤等，要防止触电者摔伤、碰伤等二次受伤事故的出现。

4）所拉衣服的部位必须是干燥的，操作过程中不能接触到触电者的皮肤。

5）夜间发生事故，应迅速解决临时照明问题。

2. 现场急救的方法

触电者脱离电源以后，救护人员应迅速对症抢救，并应立即通知医生前来抢救。对症抢救有以下几种情况。

1）触电者神志清醒，但是感到惊慌、四肢发麻、全身无力，或曾一度昏迷，但没有失去知觉。在这种情况下，不作人工呼吸，应将触电者抬到空气新鲜、通风良好的地方舒适地躺下，休息1～2h，使其慢慢地恢复正常。这时要注意保温，并进行严密观察。

2）触电者呼吸停止时，应采用口对口、摇臂压胸人工呼吸法抢救。

3）触电者心跳停止时，应采用胸外心脏挤压法抢救。

4）触电者呼吸、心跳都停止时，应采用口对口人工呼吸与胸外心脏挤压法配合起来抢救。作一次口对口人工呼吸后，再作四次胸外心脏挤压。

触电急救应就地进行，只有在条件不允许时，才将触电者抬到安全的地方。抢救工作要不停顿地进行，如果电伤严重，在送医院的途中也不能停止抢救。

在触电急救时，不能用埋土、泼水和压木板等错误的方法进行抢救，这些方法不但不会收到良好效果，反而会加快触电者死亡。如果有人遭受雷击，应按触电急救法进行抢救。

练一练

发生低压触电事故后，帮助触电者摆脱电源的方法有哪些？

活动3　口对口人工呼吸抢救

人工呼吸是采用人工方法帮助病人进行呼吸，最后使病人恢复呼吸功能的一种急救技术。它适用于任何原因引起的呼吸停止或窒息。人工呼吸的方法有口对口（鼻）吹气法、俯卧压背法和仰卧压胸法等几种。最常用的是口对口（鼻）吹气法，此方法操作简便，容易掌握，而且气体的交换量大，接近或等于正常人呼吸的气体量，对大人、小孩效果都很好。其步骤及操作方法见表1-2-5。

表1-2-5　口对口(鼻)吹气法

序号	步骤	示意图
1	病人取仰卧位，即胸腹朝天，头部尽量后仰，以保持呼吸道畅通	
2	解开病人皮带，松开衣领；清理病人呼吸道，保持呼吸道清洁	

续表

序号	步骤	示意图
3	救护人站在其头部的一侧，自己深吸一口气，对着病人的口（两嘴要对紧不要漏气）将气吹入，造成吸气。为使空气不从鼻孔漏出，此时可用一手将其鼻孔捏住 每次吹气时间为 1～1.5s	
4	救护人嘴离开，将捏住的鼻孔放开，并用一手压其胸部，以帮助呼气	

如果病人口腔有严重外伤或牙关紧闭时，可对其鼻孔吹气（必须堵住口）即为口对鼻吹气。救护人吹气力量的大小，依病人的具体情况而定。一般以吹进气后，病人的胸廓稍微隆起为最合适。实施口对口吹气法时，如果有纱布，则放一块叠二层厚的纱布，或一块一层的薄手帕，但应注意，不要因此影响空气出入。

练一练

试叙述口对口人工呼吸法适用的场合和施救过程。

活动 4　胸外心脏挤压法抢救

胸外心脏挤压法是采用人工方法帮助心脏跳动，维持血液循环，最后使病人恢复心跳的一种急救技术。它适用于触电、溺水及心脏病等引起的心跳骤停。具体步骤与操作方法见表 1-2-6。

表 1-2-6　胸外心脏挤压法

序号	步骤	示意图
1	病人取仰卧位，即胸腹朝天，使其头部尽量后仰，以保持呼吸道畅通	
2	解开病人皮带，松开衣领；清理病人呼吸道，保持呼吸道清洁	

续表

序号	步骤	示意图
3	急救人员跪在病人的一侧，两手上下重叠，手掌贴于心前区（胸骨下 1/3 交界处），以冲击动作将胸骨向下压迫，使其下陷约 3～4cm，随即放松（挤压时要慢，放松时要快），让胸部自行弹起，如此反复，有节奏地挤压，60～80 次/min，直到心跳恢复为止	（a）中指对凹膛，当胸一手掌 （b）掌根用力向下压 （c）慢慢向下 （d）突然放开

注意：

1）挤压时，不宜用力过大、过猛；部位要准确，不可过高或过低。否则，易致胸骨、肋骨骨折，内脏损伤，或者将食物从胃中挤出，逆流入气管，引起呼吸道梗阻。

2）胸外心脏挤压常常与口对口人工呼吸法同时进行，吹气与挤压之比：1 人操作时，吹 1 口气，挤压 8～10 次；2 人操作时，吹 1 口气，挤压 4～5 次。

3）在进行胸外心脏挤压的同时，要配合心内注射急救药物，如肾上腺素、异丙基肾上腺素等。

4）如果病人体弱或是小孩，则用力要小些，甚至可用单手挤压。

5）挤压有效时，可触到颈动脉搏动，自发性呼吸恢复，脸色转红，已散大的瞳孔缩小等。

练一练

试叙述胸外心脏挤压法适用的场合和施救过程。

知识拓展

为帮助同学们加深记忆，笔者借用儿歌一首。

发现有人触了电，叫人抢救别慌张。
千万不能用手拉，伤员身上已带电。
关闭电源找木棒，推着伤员离电源。
拨通急救电话 120，伤重赶快送医院。

任务评价

任务评价见表 1-2-7。

表 1-2-7 任务评价表

序号	评价指标	配分	评分标准	扣分	得分
1	直接接触触电	5 分	叙述错误 1 次，扣 2 分		
2	间接接触触电	5 分	叙述错误 1 次，扣 2 分		

续表

序号	评价指标	配分	评分标准	扣分	得分
3	触电者神志清醒，但是感到惊慌、四肢发麻、全身无力，或曾一度昏迷，但没有失去知觉的急救方法	5分	叙述错误1次，扣5分		
4	触电者呼吸停止的急救方法	5分	叙述错误1次，扣2分		
5	触电者心跳停止的急救方法	5分	叙述错误1次，扣2分		
6	触电者呼吸、心跳停止	5分	叙述错误1次，扣5分		
7	进行口对口(鼻)吹气法	30分	操作方式错误1次，扣5分		
8	进行胸外心脏挤压法	30分	操作方式错误1次，扣5分		
9	实训态度	10分	态度不端正，扣10分		
总分					

任务3 防雷及电气火灾的扑救

知识目标

1）能说出雷电的形成、放电特点及危害。

2）能掌握防雷装置的组成。

3）能应用扑救电气火灾的方法选择灭火器。

技能目标

能使用灭火器。

任务导入

雷电是伴有闪电和雷鸣的一种自然现象，如图1-3-1所示。雷击是一种自然灾害。最新统计资料表明，雷电造成的损失已经上升到自然灾害的第三位。全球每年因雷击造成人员伤亡、财产损失不计其数。据不完全统计，我国每年因雷击以及雷击负效应造成的人员伤亡达3000～4000人，财产损失在50亿～100亿元人民币。

图1-3-1 雷电

电气火灾一般是指由于电气线路、用电设备、器具及供配电设备出现故障性释放的热能（如高温、电弧、电火花以及非故障性释放的能量，电热器具的炽热表面），在具备燃烧条件下引燃本体或其他可燃物而造成的火灾，也包括由雷电和静电引起的火灾。

活动1 防 雷

知识探究

1. 雷电的形成、特点及危害

（1）雷电的形成

在天气闷热潮湿的时候，地面上的水受热变为蒸汽，并且随地面的受热空气上升，在空中与冷空气相遇，使上升的水蒸气凝结成小水滴，形成积云。云中水滴受强烈气流吹袭，分裂为一些小水滴和大水滴，较大的水滴带正电荷，较小的水滴带负电荷。细微的水滴随风聚集形成了带负电的雷云；带正电的较大水滴常常向地面降落而形成雨，或悬浮在空中。由于静电感应，带负电的雷云在大地表面感应出正电荷。这样雷云与大地间形成了一个大的电容器。当电场强度很大，超过大气的击穿强度时，即发生了雷云与大地间的放电，就是一般所说的雷击。

（2）雷电的特点、种类及危害

由于雷电具有大电流和高电位的特点，因此能造成很大的危害。

1）雷电的特点：放电电流大，幅值高达数十至数百千安；放电时间极短，大约只有50～100μs；波头陡度高，可达50kA/s，属于高频冲击波。雷电感应所产生的电压高达300～500kV。直击雷冲击电压高达MV级，放电时产生的温度达2000K。

2）雷电的种类及危害。雷电的种类及危害见表1-3-1。

表1-3-1 雷电的种类及危害

种类	特点及危害
直击雷	直击雷是带电的云层对大地上的某一点发生猛烈的放电现象。它的破坏力巨大，若不能迅速将其泄放入大地，将导致放电通道内的物体、建筑物、设施、人畜遭受严重的破坏或损害，发生火灾、建筑物损坏、电子电气系统摧毁，甚至危及人畜的生命安全
雷电波侵入	雷电不直接放电在建筑和设备本身，而是对布放在建筑物外部的线缆放电。线缆上的雷电波或过电压几乎以光速沿着电缆线路扩散，侵入并危及室内电子设备和自动化控制等各个系统
感应过电压	雷击在设备设施或线路的附近发生，或闪电不直接对地放电，只在云层与云层之间发生放电现象。闪电释放电荷，并在电源和数据传输线路及金属管道、金属支架上感应生成过电压 雷击放电于具有避雷设施的建筑物时，雷电波沿着建筑物顶部接闪器（避雷带、避雷线、避雷网或避雷针）、引下线泄放到大地的过程中，会在引下线周围形成强大的瞬变磁场，轻则造成电子设备受到干扰，数据丢失，产生误动作或暂时瘫痪；严重时可引起元器件击穿及电路板烧毁，使整个系统陷于瘫痪

续表

种类	特点及危害
系统内部操作过电压	因断路器的操作、电力重负荷以及感性负荷的投入和切除、系统短路故障等系统内部状态的变化而使系统参数发生改变，引起的电力系统内部电磁能量转换，从而产生内部过电压，即为操作过电压 操作过电压的幅值虽小，但发生的概率却远远大于雷电感应过电压。实验证明，无论是感应过电压还是内部操作过电压，均为暂态过电压（或称为瞬时过电压），最终以电气浪涌的方式危及电子设备，包括破坏印制电路板印制线、元件和绝缘过早老化而导致寿命缩短、破坏数据库或使软件误操作，使一些控制元件失控
地电位反击	如果雷电直接击中具有避雷装置的建筑物或设施，接地网的地电位会在数微秒之内被抬高数万或数十万伏。高度破坏性的雷电流将从各种装置的接地部分流向供电系统或各种网络信号系统，或者击穿大地绝缘而流向另一设施的供电系统或各种网络信号系统，从而反击破坏或损害电子设备。同时，在未实行等电位连接的导线回路中，可能诱发高电位而产生火花放电的危险

2. 防雷方法

对同一保护对象同时采用多种避雷装置，称为综合性防雷电。不同防雷装置的作用见表 1-3-2。

表 1-3-2　防雷装置

名称	适用场所及安装	示意图
避雷针	用来保护建筑物、烟囱或油罐等避免雷击的装置。在高大建筑物顶端安装一个金属棒，用金属线与埋在地下的一块金属板连接起来，利用金属棒的尖端放电，使云层所带的电和地上的电逐渐中和，为防雷起到很好的作用。实际上，避雷装置是引雷针，可将周围的雷电引来并提前放电，将雷电电流通过自身的接地导体传向地面，避免保护对象直接遭受雷击	
避雷线	用于建筑、变压器电杆、机房及发射架等。避雷线是铁质的，避雷针是铜质（也可以是银质或铁质）的。避雷针顶端向天，避雷线连接避雷网埋地，避雷线连接避雷针。雷雨季节，雷电从天空由避雷针进入避雷线直至埋地的避雷网	
避雷带	避雷带和避雷针一样都属于接闪器的一种类型。区别在于，避雷针一般是竖直向上的，只在其根部和引下线相连接，一般是明设的；避雷带一般是水平或倾斜敷设的（根据屋面的倾斜度而定），至少有两个地方（首尾两端）和引下线相连接，一般是明设，但也可以暗敷在屋顶的混凝土或瓦片的下面	

续表

名称	适用场所及安装	示意图
避雷网	避雷网是指利用钢筋混凝土结构中的钢筋网作为雷电保护的方法（必要时还可以辅助避雷网），也称为暗装避雷网	

练一练

雷电有什么特点及危害？

活动2　扑救电气火灾

知识探究

1. 电气火灾的分类

电气火灾主要包括四类：漏电火灾、短路火灾、过负荷火灾和接触电阻过大火灾。它们的特点及危害见表1-3-3。

表1-3-3　电气火灾分类

序号	名称	特点及危害
1	漏电火灾	当发生漏电时，漏泄的电流在流入大地途中，如遇电阻较大的部位时，将产生局部高温，致使附近的可燃物着火，从而引起火灾。此外，在漏电点产生的漏电火花同样也会引起火灾
2	短路火灾	由于短路时电阻突然减少，电流突然增大，其瞬间的发热量也很大，大大超过了线路正常工作时的发热量，并在短路点易产生强烈的火花和电弧，不仅能使绝缘层迅速燃烧，而且能使金属熔化，引起附近的易燃物燃烧，造成火灾
3	过负荷火灾	当导线过负荷时，加快了导线绝缘层老化变质。当严重过负荷时，导线的温度会不断升高，甚至会引起导线绝缘燃烧，并引燃导线附近的可燃物，从而造成火灾
4	接触电阻过大火灾	如果接头中有杂质，连接不牢靠或其他原因使接头接触不良，造成接触部位的局部电阻过大，当电流通过接头时，就会在此处产生大量的热，形成高温，并在短路点产生强烈的火花和电弧，不仅能使绝缘层迅速燃烧，而且能使金属熔化，引起附近的易燃物燃烧，造成火灾

2. 扑救电气火灾

（1）电气火灾的特点

从灭火角度来看，电气火灾有两个显著特点：一是着火的电气设备可能带电，扑灭火灾时若不注意，可能发生触电事故；二是电气设备充有大量油，如电力变压器、油断路器、电动机起动装置等，发生火灾时可能喷油甚至发生爆炸，造成火势蔓延，扩大火灾范围。因此，扑灭电气火灾必须根据其特点，采取适当的措施。从灭火扑救角度考虑：一要保证扑救人员的安全；二要及时采取正确的扑救方法，尽量降低国家和人民财产损失。

（2）灭火器的选用

电气设备运行中着火时，必须先切断电源，再行扑灭。如果不能迅速断电，可使用二氧化碳灭火器、四氯化碳灭火器、1211 灭火器或干粉灭火器等。图 1-3-2 是干粉灭火器的使用方法。

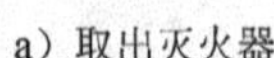
a）取出灭火器

b）拔掉保险销

c）一手握住压把
一手握住喷管

d）对准火苗根部喷射
（人站立在上风）

图 1-3-2　干粉灭火器的使用方法

使用时，必须保持足够的安全距离，对于 10kV 及以下的设备，距离不应小于 40cm。

注意：绝对不能用酸碱或泡沫灭火器，因其灭火药液有导电性，手持灭火器的人员将会触电。且这种药液会强烈腐蚀电气设备，且事后不易清除。

（3）电气火灾的扑救方法

电气设备种类较多，发生火灾时的特点各不相同，因而扑救方法也不完全相同。具体方法见表 1-3-4。

表 1-3-4　电气火灾的扑救方法

序号	设备	特点	灭火材料及工具
1	发电机和电动机火灾	发电机和电动机等电气设备都属于旋转电机类，这类设备的特点是绝缘材料比较少，有比较坚固的外壳	用二氧化碳、1211 等灭火器扑救。大型旋转电机燃烧猛烈时，可用水蒸气和喷雾水扑救
2	变压器和油断路器火灾	变压器和油断路器等充油电气设备发生燃烧时，切断电源后的扑救方法与扑救可燃液体火灾相同	如果油箱没有破损，可以用干粉、1211、二氧化碳灭火器等进行扑救。如果油箱已经破裂，大量变压器的油已燃烧、火势凶猛时，切断电源后可用喷雾水或泡沫扑救 对于流散的油火，可用喷雾水或泡沫扑救。流散的油量不多时，也可用砂土压埋
3	变配电设备火灾	变配电设备中有许多瓷质绝缘套管，这些套管在高温状态遇急冷或不均匀冷却时，容易爆裂而损坏设备，可能造成一些不应有事故，使火势进一步扩大蔓延	最好用喷雾水灭火，并注意均匀冷却设备

续表

序号	设备	特点	灭火材料及工具
4	封闭式电烘干箱内被烘干物质燃烧	封闭式电烘干箱内的被烘干物质燃烧时，切断电源后，由于烘干箱内的空气不足，燃烧不能继续，温度下降，燃烧会逐渐被熄灭	发现电烘箱冒烟时，应立即切断烘干箱的电源，且不要打开烘干箱。否则，由于进入空气，反而会使火势扩大，如果错误地往烘干箱内泼水，会使电炉丝、隔热板等遭受损坏而造成不应有的损失
5	电视机及电脑火灾	电视机、电脑设备中有高压元件，发生火灾时，若灭火材料选择错误，将可能引起爆炸	遇到电视机、电脑着火时，正确的方法是使用窒息法灭火，可以用湿棉被等覆盖物迅速盖到电视机或电脑上，在强行隔绝空气之后，火很快就会熄灭。这种窒息方法也适用于其他家电的起火扑救

练一练

1. 电气火灾有什么特点？如何扑救电气火灾？
2. 试叙述带电灭火的方法。
3. 请叙述防雷及电气火灾扑救的方法。

任务评价

任务评价见表1-3-5。

表1-3-5 任务评价表

序号	评价指标	配分	评分标准	扣分	得分
1	雷电的特点	5分	叙述错误1次，扣2分		
2	雷电的危害	5分	叙述错误1次，扣2分		
3	雷电的防止措施	25分	叙述错误1次，扣5分		
4	电气火灾的特点	10分	叙述错误1次，扣2分		
5	灭火器的选用	20分	叙述错误1次，扣2分		
6	电气火灾的扑救方法	25分	叙述错误1次，扣5分		
7	带电灭火注意事项	10分	叙述错误1次，扣5分		
总分					

项目2

认识与使用电工工具

项目描述

电工工具是电气操作的基本工具。若工具不合规格、质量不好或使用不当，都将影响施工质量、降低工作效率，甚至造成安全事故。本项目主要介绍常用电工工具及其使用，电烙铁及其使用的相关知识。电气操作人员应当熟练掌握本章所讲内容。

任务1　认识与使用常用电工工具

知识目标

1）了解测电笔和螺钉旋具的种类。

2）了解各种工具钳的种类。

3）了解电工刀和镊子的种类。

4）了解扳手的种类。

5）了解手电钻的种类。

技能目标

1）能正确使用测电笔和各种螺钉旋具。

2）能正确使用各种工具钳。

3）能正确使用电工刀和镊子。

4）能正确使用扳手。

5）能正确使用手电钻。

任务导入

电工工具种类繁多，是电气人员操作中必不可少的工具。常见的电工工具如图 2-1-1 所示。

图 2-1-1　常见的电工工具

活动1　认识和使用测电笔及螺钉旋具

测电笔及螺钉旋具种类繁多，表 2-1-1 列举了几种常见的测电笔和螺钉旋具。

表 2-1-1　常见测电笔及螺钉旋具

序号	名称	实物图
1	钢笔式测电笔（一）	
2	钢笔式测电笔（二）	
3	数显测电笔	
4	一字螺钉旋具	
5	十字螺钉旋具	
6	内六角螺钉旋具	

知识探究

1. 测电笔的使用方法

测电笔的使用方法如图 2-1-2 所示。

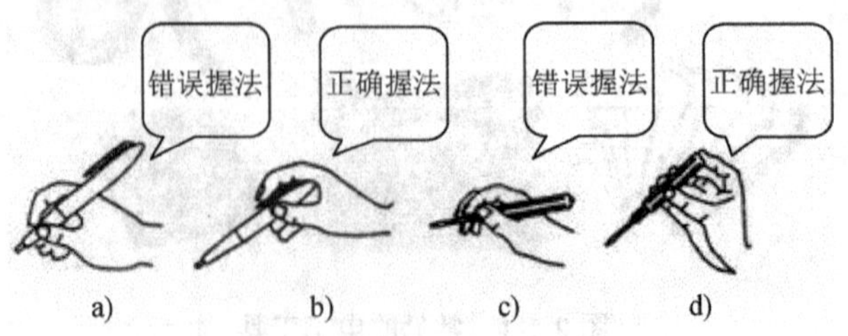

图 2-1-2　测电笔的使用方法

2. 常用螺钉旋具的使用方法

螺钉旋具的样式和规格较多，按头部形状分，常用的有一字形、十字形和专用形等多种；按握柄材料分，常用的有木柄、塑柄和胶柄等多种。

（1）短柄螺钉旋具的使用方法

短柄螺钉旋具多用于松紧电气装置接线桩上的小螺钉。使用时，可用大拇指和中指夹住握柄，用食指顶住柄的末端捻旋。

（2）长柄螺钉旋具的使用方法

长柄螺钉旋具多用来松紧较大的螺钉。使用时，除大拇指、食指和中指夹住握柄外，手掌还要顶住柄的末端，这样就可以防止旋转时滑脱。

（3）较长柄螺钉旋具的使用方法

可用右手压紧并转动手柄，左手握住螺钉旋具的中间，不得放在螺钉旋具的周围，以防刀头滑脱将手划伤。

【温馨提示】 测电笔的使用方法非常重要，握试测电笔也有一定的规则。用错误的握笔方法去测试带电体，会造成触电事故，因此必须特别留心。

练一练

1. 用各种测电笔正确测试电路板是否带电。
2. 用各种螺钉旋具拆装小型家用电器。

活动2 认识和使用各种工具钳

常见工具钳见表2-1-2。

表2-1-2 常见工具钳

序号	名称	实物图
1	钢丝钳（一）	
2	钢丝钳（二）	

续表

序号	名称	实物图
3	钢丝钳（三）	
4	斜口钳（一）	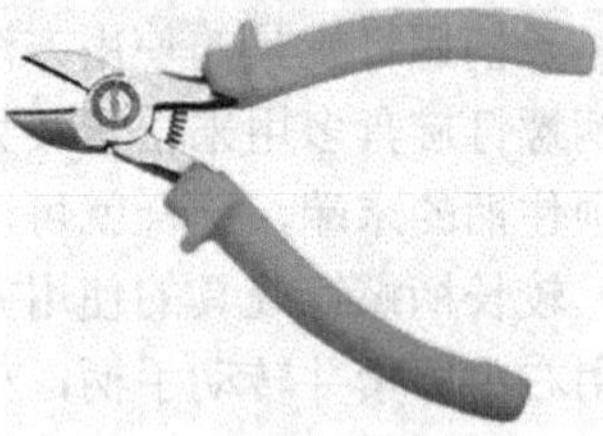
5	斜口钳（二）	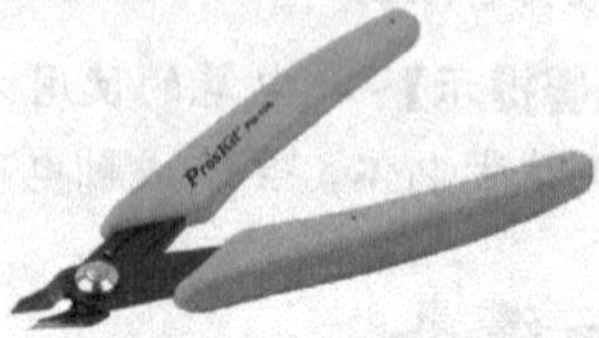
6	尖嘴钳（一）	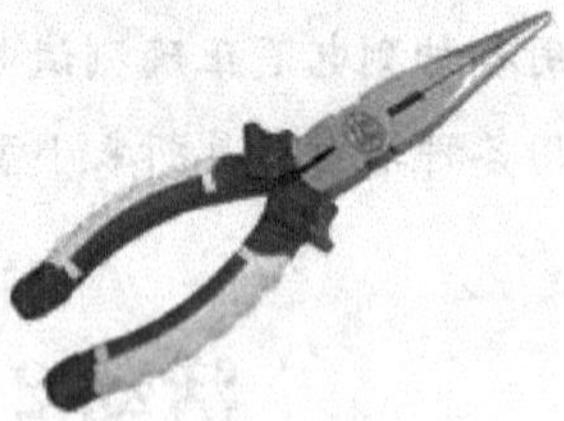
7	尖嘴钳（二）	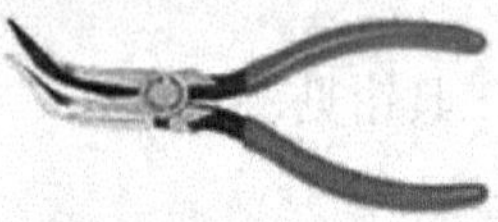
8	剥线钳（一）	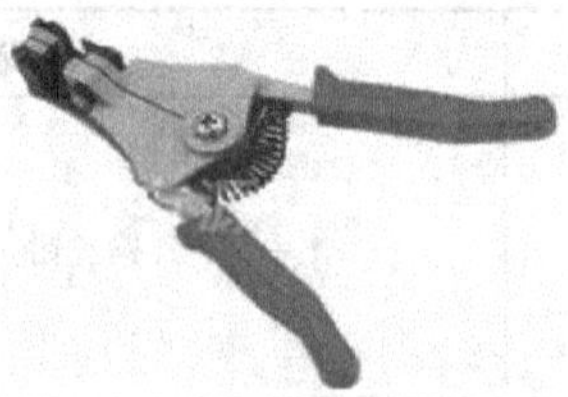
9	剥线钳（二）	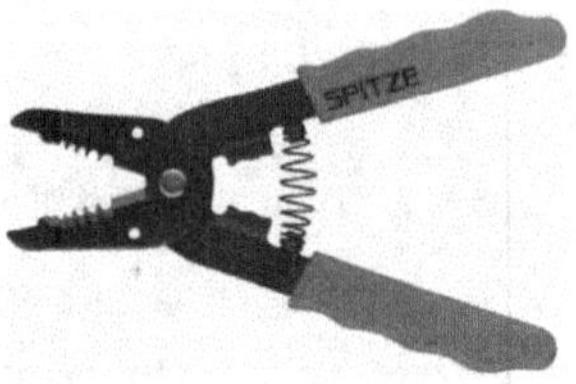

1. 钢丝钳的使用方法

用于夹持或弯折薄片形、圆柱形金属零件及切断金属丝，其旁刃口也可用于切断细金属丝。

2. 斜口钳的使用方法

斜口钳主要用于剪切导线、元器件多余的引线，还常用来代替一般剪刀剪切绝缘套管、尼龙扎线卡等。

3. 尖嘴钳的使用方法

主要用来剪切线径较细的单股与多股线，以及给单股导线接头弯圈、剥除绝缘层等，它能在较狭小的工作空间操作，不带刃口者只能夹捏工作，带刃口者能剪切细小零件，它是电工（尤其是内线器材等装配及修理工作）常用的工具之一。

4. 剥线钳的使用方法

1）根据缆线的粗细型号，选择相应的剥线刀口。

2）将准备好的电缆放在剥线工具的刀刃中间，选择好要剥线的长度。

3）握住剥线钳手柄，将电缆夹住，缓缓用力使电缆外表皮慢慢剥落。

4）松开剥线钳手柄，取出电缆，这时电缆金属芯整齐露出，其余绝缘层完好无损。

【温馨提示】

1）使用斜口钳要量力而行，不可以用来剪切钢丝、钢丝绳和过粗的铜导线和铁丝，否则容易造成钳子崩牙和损坏。

2）要根据导线直径来选用剥线钳刀片的孔径，切勿过大或过小。

练一练

1. 分别使用钢丝钳、斜口钳将一段导线剪断。

2. 使用尖嘴钳剪断一段导线，并用剥线钳剥去导线两端的绝缘层。

活动3　认识和使用电工刀及镊子

常见电工刀及镊子见表2-1-3。

表2-1-3　常见电工刀及镊子

序号	名称	实物图
1	电工刀（一）	

续表

序号	名称	实物图
2	电工刀（二）	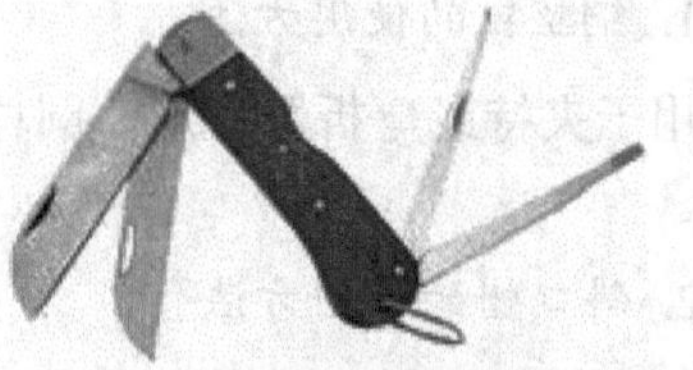
3	镊子（一）	
4	镊子（二）	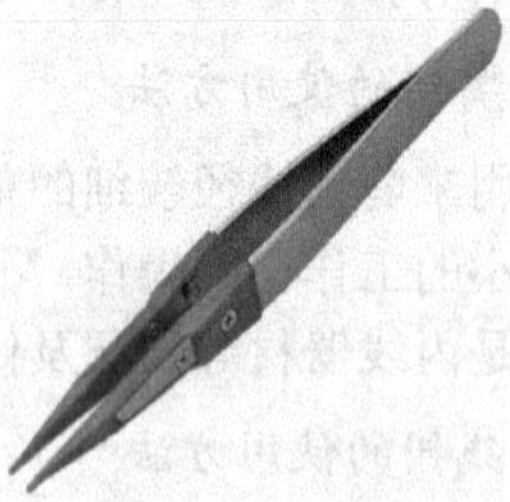
5	镊子（三）	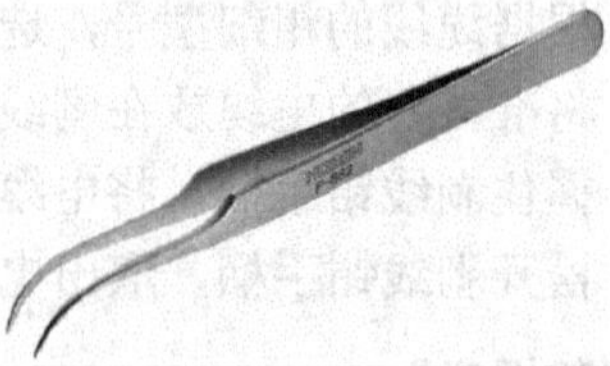

知识探究

1. 电工刀的使用方法

电工刀可以用于剖削导线绝缘层，用时刀刃略微翘起一些，用刀刃的圆角抵住线芯，切忌把刀刃垂直对着导线切割绝缘层，因为这样容易割伤导线线芯。常用的剥除方法有级段剥除和斜削法剥除。电工刀的刀刃部分要打磨锋利才能更好地剥除导线，但又不可太锋利，太锋利容易削伤线芯，太钝则无法剥除绝缘层。

2. 镊子的使用方法

镊子是一种用于夹取细小东西的器具，是手机维修工作等经常使用的工具，常用于夹持导线、元件及集成电路引脚等。

练一练

1. 使用电工刀剥除导线线头一次。
2. 正确使用镊子夹取小元器件。

活动 4　认识和使用扳手

常见扳手见表 2-1-4。

表 2-1-4　常见扳手

序号	名称	实物图
1	活扳手	
2	开口扳手	
3	套筒扳手	

知识探究

1. 活扳手

活扳手是一种旋紧或拧松有角螺钉或螺母的工具。扳动小螺母时，因需要不断地转动蜗轮，调节扳口的大小，所以手应握在靠近呆扳唇，并用大拇指调制蜗轮，以适应螺母的大小。

常用的活扳手有 200mm、250mm、300mm 三种规格。使用中应根据螺母的大小选配。使用时，通常右手握手柄，手越靠后，扳动起来越省力。

2. 开口扳手

电工还经常用到开口扳手，也叫呆扳手。它有单头和双头两种，其开口是和螺钉头、螺母尺寸相适应的，并根据标准尺寸做成一套。整体扳手有正方形、六角形、十二角形（俗称梅花扳手）。其中，梅花扳手在农村电工中应用广泛，它只要转过 30°，就可改变扳动方向，所以在狭窄的地方尤其适用。

3. 套筒扳手

套筒扳手通常称为套筒。它是由多个带六角孔或十二角孔的套筒并配有手柄、接杆等多种附件组成，特别适用于拧转空间十分狭小或凹陷很深处的螺栓或螺母。套筒有公制和英制之分，虽然套筒的内凹形状一样，但外径、长短等都是针对对应设备的形状和尺寸设计的，国家没有统一规定，所以套筒的设计相对来说比较灵活，符合大众的需要。

套筒扳手一般都附有一套各种规格的套筒头及手柄、接杆、万向接头、旋具接头、弯头手柄等，用来套入六角螺母。套筒扳手的套筒头是一个凹六角形的圆筒；扳手通常由碳素结构钢或合金结构钢制成，扳手头部具有规定的硬度，中间及手柄部分则具有弹性。

【温馨提示】在扳动生锈的螺母时，可在螺母上滴几滴煤油或机油，这样就容易拧动了。在拧不动时，切不可采用钢管套在活扳手的手柄上来增加扭力，因为这样极易损伤活扳唇。更不得把活扳手当锤子用。

练一练

分别使用活扳手、开口扳手、套筒扳手拧紧一颗六角螺母。

活动5　认识和使用手电钻

常见手电钻见表2-1-5。

表2-1-5　常见手电钻

序号	名称	实物图
1	手枪钻	
2	冲击钻	

知识探究

1. 手枪钻

手枪钻是一种在金属材料、木材、塑料等上钻孔的工具。它是以交流电源或直流电池为动力的钻孔工具，是手持式电动工具的一种。

2. 冲击钻

冲击钻是电动工具中销量最大的产品之一，广泛用于建筑、装修、家具等行业，用于在物件上开孔或洞穿物体，有的行业也称之为电锤。

【温馨提示】 使用手电钻前的检查：使用前空转 1min，检查传动部分是否灵活，有无异常。

练一练

使用手电钻在一块木板上钻直径大小不一的 5 个孔。要求：孔口圆润，孔径与木板垂直。

任务评价

任务评价见表 2-1-6。

表 2-1-6 任务评价表

序号	评价指标	配分	评分标准	扣分	得分
1	测电笔的使用	25 分	安全操作测电笔		
2	螺钉旋具的使用	20 分	每个“十字”螺钉无人为损伤		
		20 分	每个“一字”螺钉无人为损伤		
3	手电钻的使用	25 分	孔的四周要求圆润，无毛刺		
4	安全规范	10 分	操作是否规范安全		
总分					

任务 2 认识与使用电烙铁

知识目标

1）了解内热式电烙铁的特点。

2）熟悉五步手工焊接法的方法和步骤。

3）掌握用电烙铁焊接的正确操作方法。

技能目标

1）能正确对内热式电烙铁进行拆卸、安装和故障检测。

2）能正确使用电烙铁完成电子装配工艺中的焊接。

任务导入

电烙铁是手工焊接的基本工具，它的作用是把适当的热量传送到焊接部位，只熔化焊料而不熔化元件，使焊料和被焊金属连接起来。正确使用电烙铁是电工、电子维修工必须具备的技能之一。

活动1　认识电烙铁

1. 内热式电烙铁

常用的内热式电烙铁的外形、特点及规格见表 2-2-1。

表 2-2-1　常用内热式电烙铁的外形、特点及规格

名称	外形	特点	规格
内热式 电烙铁	发热元件 烙铁头 手柄 连接杆	1）功率越大，烙铁头的温度越高 2）集成电路、印制电路板、CMOS 电路常用 20W 内热式电烙铁焊接 3）焊接时间不宜过长，一般每个焊点在 1.5～4s 内完成，否则可能会烧坏器件	20W 50W

知识探究

内热式电烙铁使用注意事项

1）烙铁头要经常保持清洁。

2）工作时，电烙铁要放在特制的烙铁架上，以免烫坏其他物品而造成安全隐患，常用的烙铁架如图 2-2-1 所示。烙铁架所放位置一般在工作台的右上方，以方便操作。

3）利用松香可判断烙铁头的温度。常用松香如图 2-2-2 所示。根据松香的烟量大小可判断烙铁头温度是否合适，详见表 2-2-2。

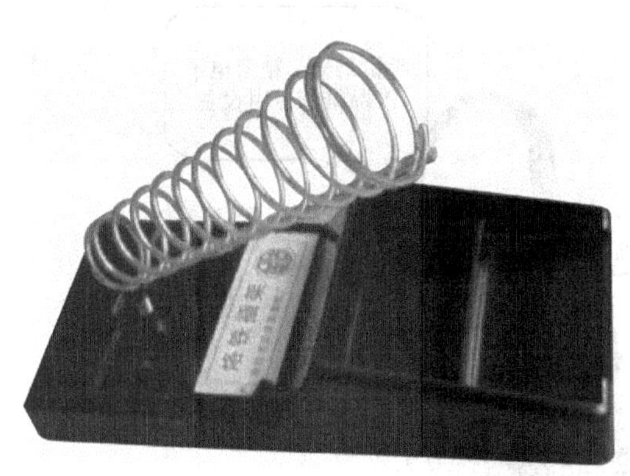

图 2-2-1 常用烙铁架

图 2-2-2 常用松香

表 2-2-2 利用松香烟量判断烙铁头的温度

现象图示			
烟量大小	烟量小，持续时间长	烟量中等，烟消失时间为 6～8s	烟量大，消失很快
温度判断	温度低，不适于焊接	烙铁头温度适当，适于焊接	温度高，不适于焊接

2. 外热式电烙铁

外热式电烙铁的外形、特点及规格见表 2-2-3。

表 2-2-3 外热式电烙铁的外形、特点及规格

名称	外形	特点	规格
外热式电烙铁		1）烙铁越短，烙铁头的温度就越高 2）烙铁头采用铜合金材料制成 3）烙铁头的长短可以调整，且有凿式、圆面形、尖锥形和半圆沟形等不同的形状，以适应不同焊接面的需要	25W 45W 75W 100W

3. 恒温电烙铁

恒温电烙铁的结构外形如图 2-2-3 所示。

这种电烙铁的特点是防静电、恒温，而且温度可调，一般温度在 200～480℃之间可调，烙铁头可更换、拆卸。

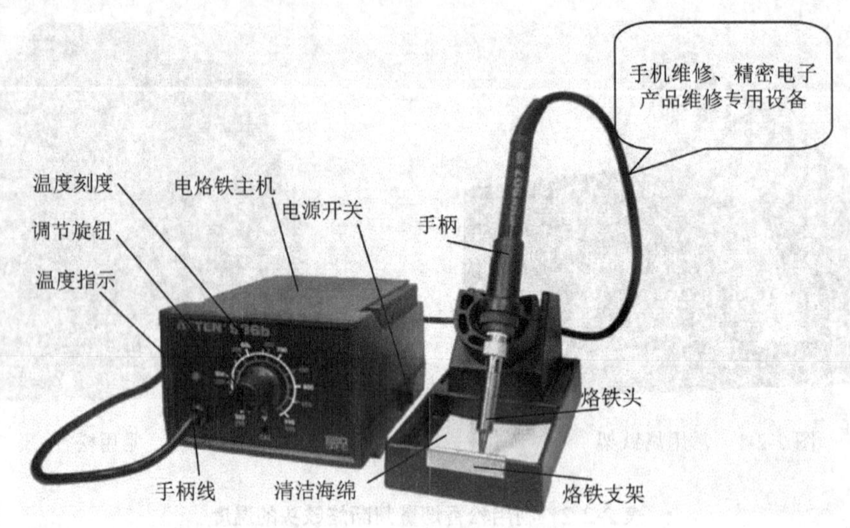

图 2-2-3 防静电恒温电烙铁

练一练

1. 识记电烙铁的各结构组成。

2. 请根据教师展示的不同加热时长的烙铁头与松香接触时产生的烟量，判断是否适于焊接。

知识探究

选用电烙铁一般遵循以下原则：

1）烙铁头的形状要适应被焊件物面要求和产品装配密度。

2）烙铁头的顶端温度要与焊料的熔点相适应，一般要比焊料熔点高 30～80℃（不包括在电烙铁头接触焊接点时下降的温度）。

3）电烙铁热容量要适当。烙铁头的温度恢复时间要与被焊件物面的要求相适应。温度恢复时间是指在焊接周期内，烙铁头顶端温度因热量散失而降低后，再恢复到最高温度所需的时间。它与电烙铁功率、热容量以及烙铁头的形状、长短有关。

活动 2 电烙铁的拆装及检测

1. 拆装电烙铁

拆装电烙铁时，首先拧松手柄上的紧固螺钉，旋下手柄，然后拆下电源线和烙铁芯，最后拔下烙铁头。具体步骤见表 2-2-4。

表 2-2-4 电烙铁的拆卸步骤

步骤	图示	方法
1	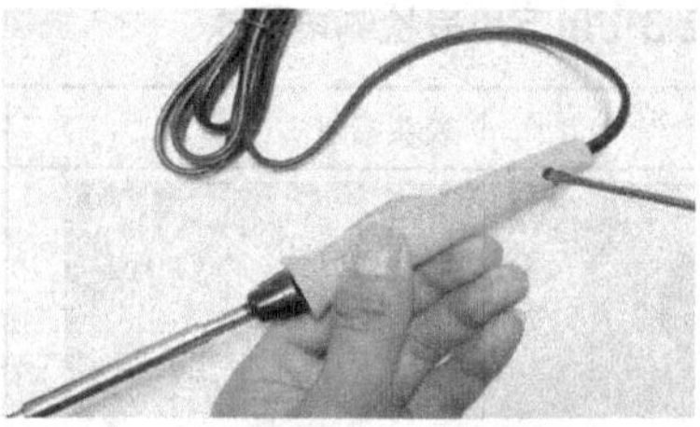	待处理的电烙铁
2	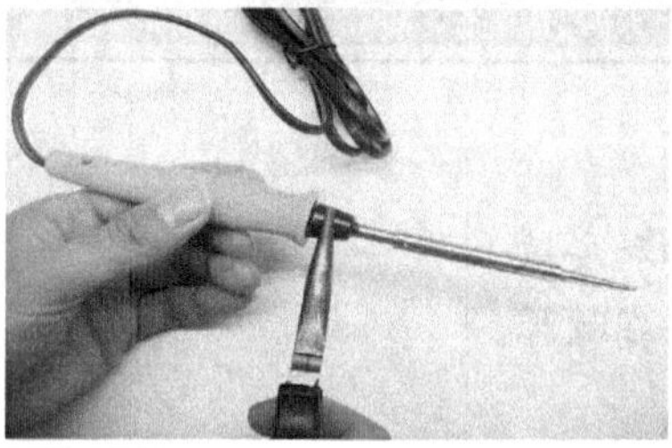	拧松手柄上的紧固螺钉
3	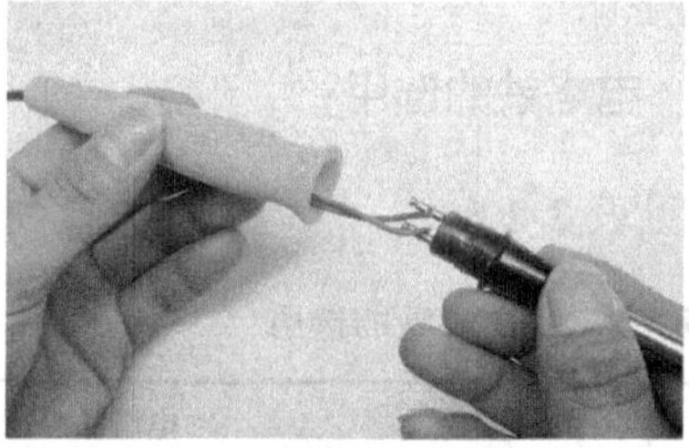	旋下手柄
4	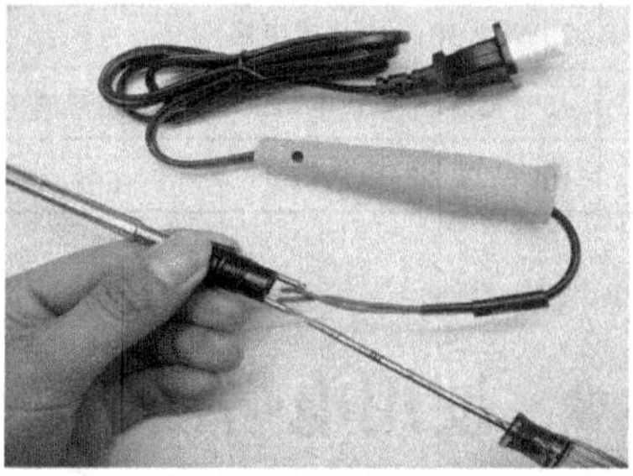	拆下电源线
5	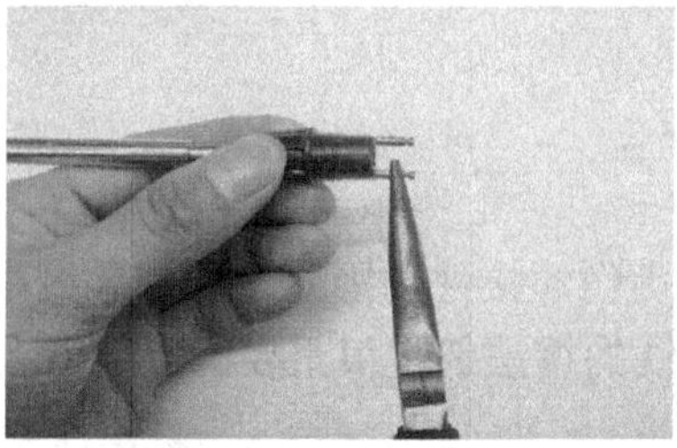	拧松烙铁芯上的螺钉

安装时的次序与拆卸相反，只是在旋紧手柄时，勿使电源线随手柄一起扭动，以免将电源线接头处绞断而造成开路或绞在一起形成短路。需要特别指出的是，在安装电源线时，其接头处裸露的铜线一定要尽可能短，以免发生短路事故。

2. 用万用表检测电烙铁

用万用表检测电烙铁的方法见表 2-2-5。

表 2-2-5 用万用表检测电烙铁

接线示意图	表头指示	说明
		用万用表电阻挡测量烙铁芯的电阻值，约为 1kΩ时，电烙铁正常；若为无穷大，则烙铁芯或电烙铁电源线断路

练一练

1. 正确完成内热式电烙铁的拆卸和安装。
2. 利用万用表检测电烙铁是否存在故障。

知识拓展

电烙铁的选用

选用电烙铁时应考虑的几点要求见表 2-2-6。

表 2-2-6 电烙铁的选用

焊接对象	电烙铁的选用
集成电路、晶体管	20W 或 30W 内热式电烙铁
导线、同轴电缆	45～75W 外热式电烙铁或 50W 内热式电烙铁
较大元器件	100W 以上的电烙铁

活动 3 使用电烙铁

知识探究

1. 电烙铁的握法

为了使待焊接件焊接牢固，又不烫伤焊接件周围元器件及导线，待焊件的位置、大小、电烙铁的规格大小，以及适当的电烙铁的握法都是很重要的。电烙铁的握法可分为三种，见表 2-2-7。

表 2-2-7　电烙铁的握法

电烙铁的握法	图示	适用范围
笔握法		此法适用于小功率电烙铁，焊接散热量小的被焊件和印制电路板
正握法		此法适用于较大的电烙铁，焊接散热量较大的被焊件
反握法		此法适用于较大的电烙铁，弯形烙铁头的一般也采用此握法

2. 电烙铁使用前的处理

一把新烙铁不能拿来就用，必须先对烙铁头进行处理后才能正常使用，即使用前必须镀锡。具体方法是：先把烙铁头按需要锉成一定的形状，然后接上电源，当烙铁头温度升至能熔锡时，将松香涂在烙铁头上，等松香冒烟后涂上一层焊锡，反复进行 2～3 次，使烙铁头的刃面全部挂上一层锡方可使用，具体步骤见表 2-2-8。

表 2-2-8　烙铁头的处理步骤

步骤	图示	方法
1		待处理的烙铁头

续表

步骤	图示	方法
2	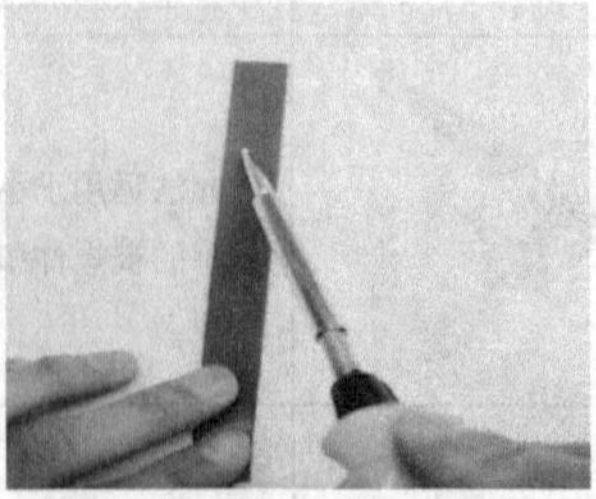	通电前，用锉刀或砂布打磨烙铁头，将其氧化层除去，露出平整光滑的铜表面
3	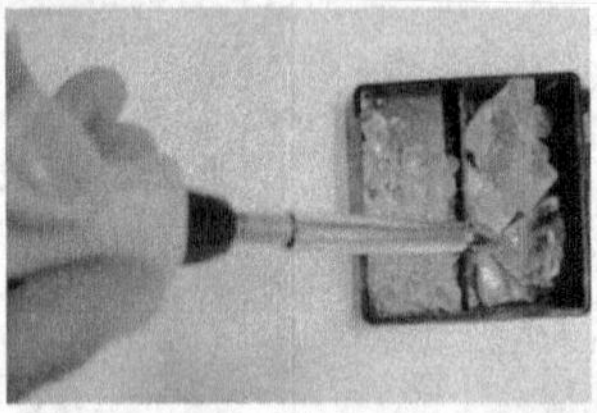	通电后，将打磨好的烙铁头紧压在松香上，随着烙铁头温度的升高，松香逐步熔化，烙铁头被打磨好的部分完全浸在松香中
4	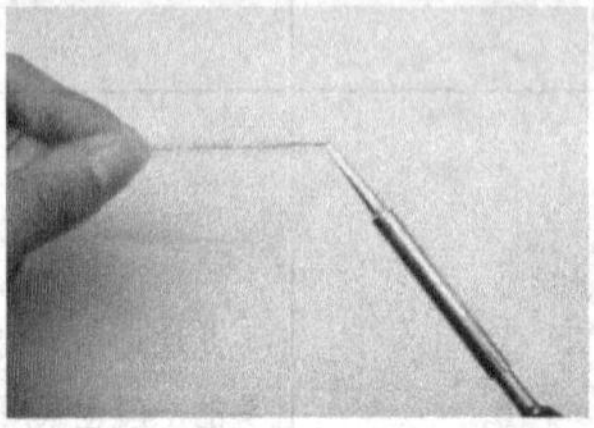	待松香出烟量较大时，取出烙铁头，用焊锡丝在烙铁头上镀上薄薄的一层焊锡
5	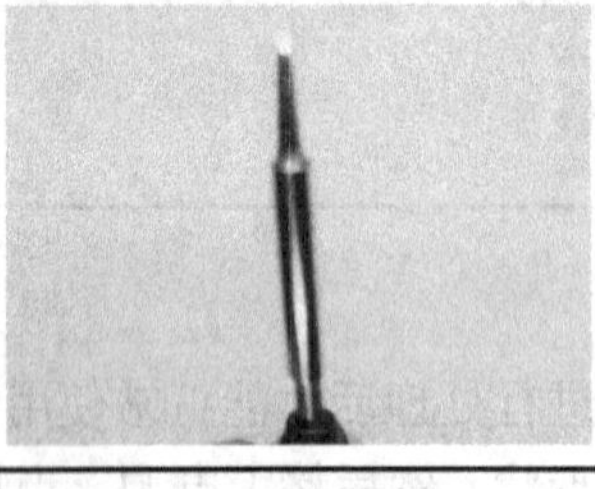	检查烙铁头的使用部分是否全部镀上焊锡，若有未镀锡的地方，应重涂松香、镀锡，直至镀好为止

3. 正确的焊接方法

正确的焊接方法应该是五步焊接法，具体操作步骤见表 2-2-9。

表 2-2-9　五步焊接法的步骤

步骤	图示	方法	注意事项
1.准备施焊	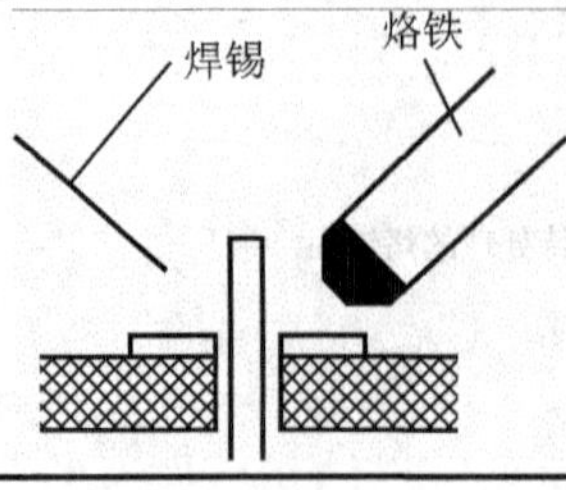 焊锡 烙铁	准备好焊锡丝和电烙铁，将电烙铁加热到工作温度，一手拿电烙铁，一手拿焊锡丝，烙铁头和焊锡丝同时移向焊接点	烙铁头要保持干净，即可以沾上锡

续表

步骤	图示	方法	注意事项
2.加热焊件		将烙铁头接触焊点，送上的焊锡丝与元件焊点部位接触，熔化焊点。送锡量要合适	1）保持烙铁均匀加热焊件各部分 2）让烙铁头的扁平部分接触热容量较大的焊件，侧面或边缘接触热容量较小的焊件
3.送入焊锡丝		当焊件加热到能熔化焊料的温度后，将焊锡丝置于焊点，焊料开始融化并浸润焊点	把握好烙铁头的温度
4.移开焊锡丝		当焊锡丝熔化到一定量以后，迅速移去焊锡丝	焊锡量要适中
5.移开电烙铁		当焊锡完全浸润后移开电烙铁	移开电烙铁的方向大致是45°的方向

【温馨提示】

1）正确的焊接操作姿势。手工操作时，应注意保持正确的焊接姿势，这将有利于健康和安全。正确的操作姿势是：挺胸端正直坐，不要弯腰，鼻尖至烙铁头尖端至少应保持20cm以上的距离，通常以40cm为宜，如图2-2-4所示。

图2-2-4　使用电烙铁的标准坐姿

2）锡线的拿法。手工焊接常用的焊料是焊锡丝，用拇指和食指握住焊锡丝，端部留出3～5cm的长度，并借助中指往前送料。手掌自然握住锡线，拇指、食指、小指构成支撑点，如图2-2-5所示。此方法可连续送出锡线，适合接触面积大、范围广的焊接操作。

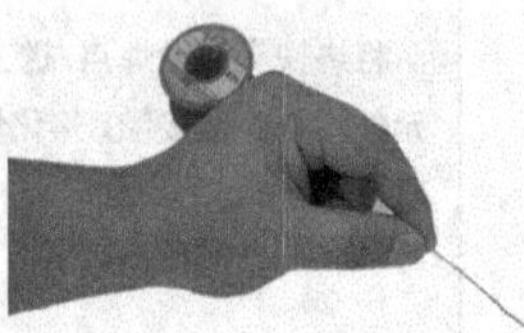

图2-2-5　锡线的拿法

练一练

1. 独立完成对烙铁头的处理。

2. 说出五步焊接法的方法及注意事项。

3. 每个同学领一只新电烙铁、一个烙铁架、一把镊子、焊锡丝若干、一块电路板、五个阻值不同的电阻器、两个电容器、两个二极管、一个晶体管和一个八脚芯片，将它们按照一定的顺序和规则焊接到电路板上。

知识拓展

1. 认识热风枪

随着VCD机、DVD机、手机等电子产品的不断微型化，其所采用的元件也越来越小。由于元件体积小，引脚多而密集，生产和维修过程中只能采用热风枪来完成焊接和拆卸工作，因此热风枪在电子产品的生产和维修中应用越来越广泛。

热风枪的外形结构及工作原理见表2-2-10。

表2-2-10　热风枪的外形结构及工作原理

名称	外形结构	工作原理
热风枪 电烙铁	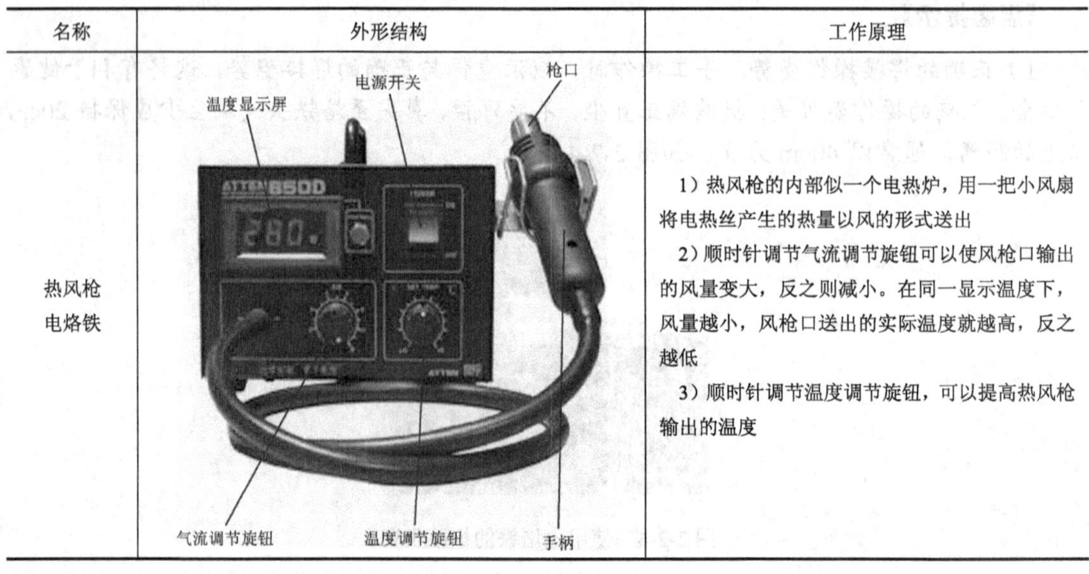 	1）热风枪的内部似一个电热炉，用一把小风扇将电热丝产生的热量以风的形式送出 2）顺时针调节气流调节旋钮可以使风枪口输出的风量变大，反之则减小。在同一显示温度下，风量越小，风枪口送出的实际温度就越高，反之越低 3）顺时针调节温度调节旋钮，可以提高热风枪输出的温度

2. 热风枪的使用

（1）开机

将热风枪的手柄挂在专用支架上，电源开关打到ON，然后调气流调节旋钮，使枪口吹出的风大小合适，然后旋转温度调节旋钮，使枪口吹出的温度合适。

（2）关机

先将温度调节旋钮调到最小并将气流调节旋钮调至最大，大概2～3min后，热风枪内的余热散尽时才可关掉电源，否则将会降低热风枪的使用寿命，甚至损坏热风枪。

（3）拆卸电子元件

以热风枪拆卸贴片式IC（集成电路）为例。首先根据所需拆卸IC的大小和形式选择比较合适的风枪套口，如果拆大的IC，则应选择较大的风枪套口；反之，则应选择较小的风枪套口。其次是选定温度，根据IC的大小、引脚的多少和IC实际所能承受的温度等因素来确定温度值。调节好温度和风量后，先在所拆IC的引脚上加少许助焊剂，再用风枪口对准引脚在其四周均匀地送热。若所拆的IC是嵌入式的，风枪口与电路板成45°；而对于卧式IC，风枪口与电路板应成90°。待送热到引脚上的焊锡熔化时，用镊子将IC提起便可将IC拆下。拆完后，挂好热风枪的手柄，并按规定关机。

（4）焊接电子元件

以贴片式IC的焊接为例。对于温度的选定、送风的角度、风枪口大小的选择都与拆卸电子元件时相同。先调节好温度和风量，然后在焊盘上加少量助焊剂，用一般的烙铁在焊盘上加少量焊锡，再用烙铁将IC在焊盘上定位，定好位之后，用风枪对准引脚均匀送热，对一些怕热的IC，可以用棉花沾少量酒精放在IC上进行散热。待焊锡溶化时，用镊子将IC轻轻往下一压便完成了整个焊接过程。

任务评价

任务评价见表2-2-11。

表2-2-11 任务评价表

序号	评价指标	配分	评分标准	扣分	得分
1	电阻器的焊接	20分	电阻无焊接损伤，一个焊点错误扣2分		
2	电容器的焊接	10分	电容无焊接损伤，一个焊点错误扣2.5分		
3	二极管的焊接	10分	二极管无焊接损伤，一个焊点错误扣2.5分		
4	晶体管的焊接	20分	晶体管焊接错误扣10分，晶体管焊接损伤扣10分		
5	芯片的焊接	30分	芯片焊接错误扣20分，芯片焊接损伤扣10分		
6	安全规范	10分	操作过程遵守操作安全规范		
总分					

项目3

认识与使用电工材料

项目描述

导线、开关都是常见的电工材料。本项目主要介绍各种导线、开关、插座及其使用。

任务1　认识与使用导线

知识目标

1）能认识常用的导线，并说出导线的名称及主要用途。
2）能说出选择导线时需要满足的条件。

技能目标

1）能进行常用导线绝缘层的剥除。
2）能进行常用导线的连接。
3）能恢复导线绝缘层。

任务导入

在电路连接中，导线是必备材料之一，正确地选择导线、连接导线是本任务中必备的知识。

活动1　认识与选择常用导线

形形色色的导线在生活中随处可见，下面就来认识几种常用的导线，详见表3-1-1。

表3-1-1　常用导线

序号	名称	实物图
1	塑料硬线（铝）	
2	塑料硬线（铜）	

续表

序号	名称	实物图
3	塑料软线	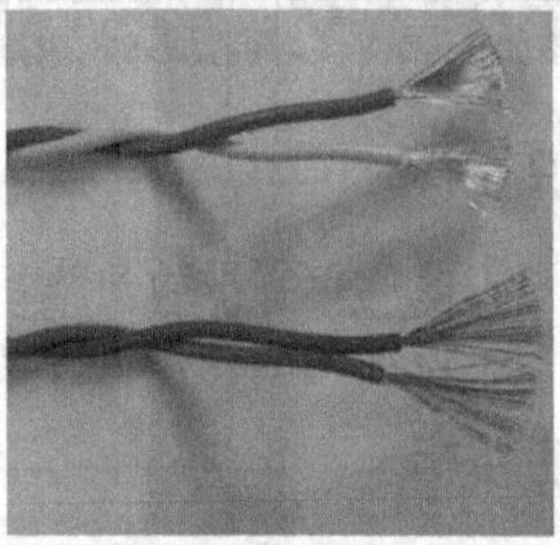
4	塑料护套线	
5	橡皮线	
6	花线	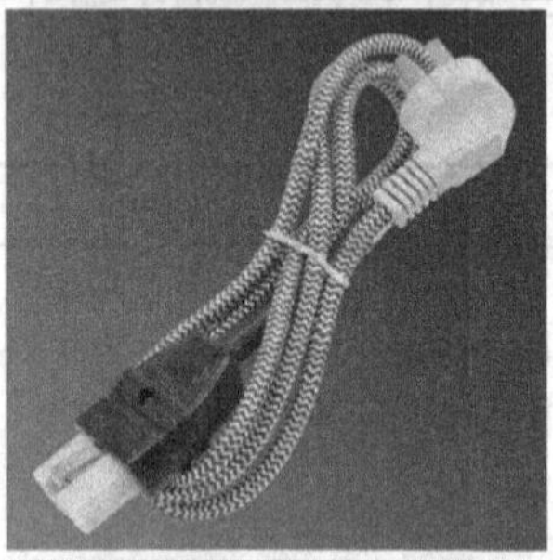
7	橡套电缆	

续表

序号	名称	实物图
8	电磁线（漆包线）	
9	裸导线	

知识探究

1. 导线的分类

（1）裸导线

用铝、铜或钢制成，外面没有包覆层，导电部分能触摸或看到。

（2）绝缘导线

由导电的线芯和绝缘外皮两部分组成。线芯用铜或铝制成，外皮用塑料或橡胶制成，导电部分看不见、摸不着。

2. 绝缘导线的分类

1）按绝缘材料分：塑料绝缘导线、橡胶绝缘导线。

2）按线芯材料分：铜芯导线、铝芯导线。

3）按线芯形式分：单股导线、多股绞合导线。

4）按用途分：布线导线、连接导线。

3. 导线的结构组成

导线主要由主导线芯、橡皮绝缘、橡皮填芯、接地线芯及橡皮护套等几部分组成。

常用导线的型号、名称及主要用途见表 3-1-2。

表 3-1-2　常用导线的型号、名称及主要用途

型号		名称	主要用途
铜芯	铝芯		
BX	BLX	棉纱编织橡胶绝缘导线	固定敷设，可明敷、暗敷
BXF	BLXF	氯丁橡胶绝缘导线	固定敷设，可明敷、暗敷，尤其适于室外

续表

型号		名称	主要用途
铜芯	铝芯		
BXHF	BLXHF	橡胶绝缘氯丁橡胶护套导线	固定敷设，适用于干燥或潮湿场所
BV	BLV	聚氯乙烯绝缘导线	室内、外固定敷设
BVV	BLVV	聚氯乙烯绝缘聚氯乙烯护套导线	室内、外固定敷设
BVR		聚氯乙烯绝缘软导线	同 BV 型，安装要求较柔软时用
RV		聚氯乙烯绝缘软线	交流额定电压 250V 以下日用电器，照明灯头接线，无线电设备等
RVB		聚氯乙烯绝缘平型软线	
RVS		聚氯乙烯绝缘铰型软线	

4. 导线的选择

导线选择须满足以下几个条件：

1）发热条件：在最高环境温度和最大负荷的情况下，保证导线不被烧坏，即导线中通过的持续电流始终是允许电流。

2）电压损失条件：应保证线路的电压损失不超过允许值。

3）机械强度条件：在任何恶劣的环境条件下，应保证线路在电气安装和正常运行过程中不被拉断。

4）保护条件：应保证自动开关或熔断器能对导线起到保护作用。

练一练

1. 请根据教师提供、展示的导线，说出导线的名称。
2. 请根据教师提供的导线型号，说出导线的名称及主要用途。

活动 2　连接常用导线

1. 导线连接的基本要求

导线连接的质量直接关系到整个线路能否安全可靠地长期运行。导线连接的基本要求如下：

1）连接牢固可靠。

2）接头电阻小。

3）机械强度高。

4）耐腐蚀、耐氧化。

5）电气绝缘性能好。

2. 常用导线的连接方法

（1）导线的剥削

剥削导线时，应注意不要损伤线芯。

1）单层绝缘线的剥削如图 3-1-1 所示。

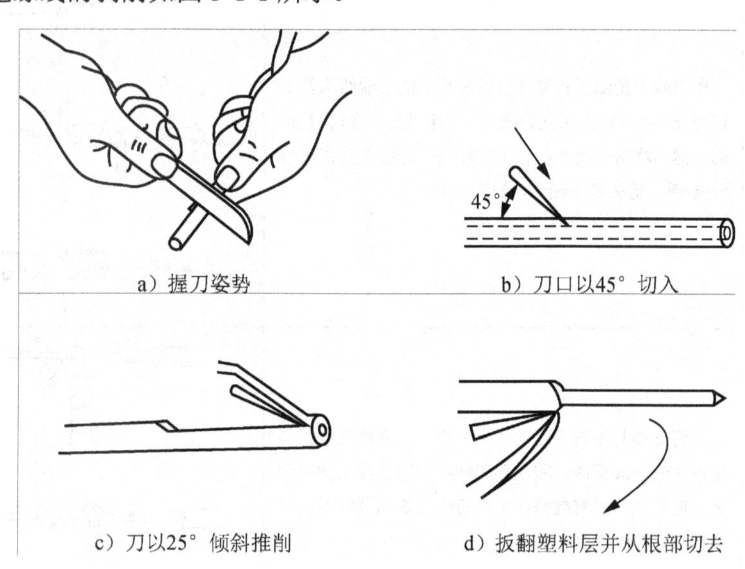

图 3-1-1　单层绝缘线的剥削

2）多层绝缘线的剥削。多层绝缘线应分层剥削，每层的剥削方法与单层绝缘线相同。对绝缘层比较厚的导线，宜采用斜剥法，即像削铅笔一样进行剥削。

3）塑料护套线的剥削如图 3-1-2 所示。

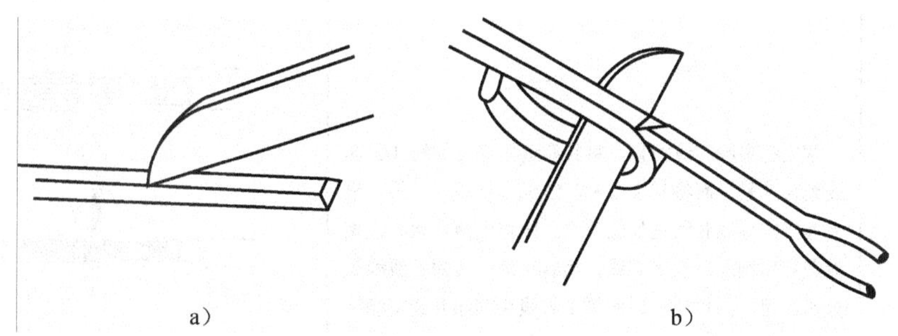

图 3-1-2　塑料护套线的剥削

（2）常用导线的连接

导线连接的方式主要有绞接、焊接、压接和螺栓连接等，几种常用导线的连接方式见表 3-1-3。

表 3-1-3　常用导线的连接

连接类型	连接工艺要点	操作示意图
小直径单股芯线的直接连接	先将除去绝缘层和氧化层的两导线的芯线线头作 X 形交叉，再将它们相互缠绕 2～3 圈，扳直两线头自由端，然后将每个线头的自由端在另一芯线上紧密缠绕 5～6 圈，剪去多余线头，修除毛刺	a） b） c）
小直径单股芯线的 T 形连接	先将支路芯线与干路芯线十字相交，支路芯线根部留出 3～5mm 裸线，将支路芯线在干路芯线上按顺时针方向的线头紧密缠绕在干路芯线上 5～8 圈，剪去多余线头，修除毛刺	a） b）
多股芯线的直接连接	首先将多股芯线拉直，将其靠近绝缘层的约 1/3 芯线绞合拧紧，而将其余 2/3 芯线成伞状散开，另一根需连接的导线芯线也如此处理。接着将两伞状芯线相对着互相插入后捏平芯线，然后将每一边的芯线线头分作 3 组，先将某一边的第 1 组线头翘起并紧密缠绕在芯线上，再将第 2 组线头翘起并紧密缠绕在芯线上，最后将第 3 组线头翘起并紧密缠绕在芯线上。用同样方法缠绕另一边的线头	l 1/3l a） b） c） d） e） f）

续表

连接类型	连接工艺要点	操作示意图
多股芯线的 T 形连接	将支路芯线靠近绝缘层的约 1/8 芯线绞合拧紧，其余 7/8 芯线分为两组，一组插入干路芯线当中，另一组放在干路芯线前面，并朝右边缠绕 4～5 圈。再将插入干路芯线当中的那一组朝左边缠绕 4～5 圈	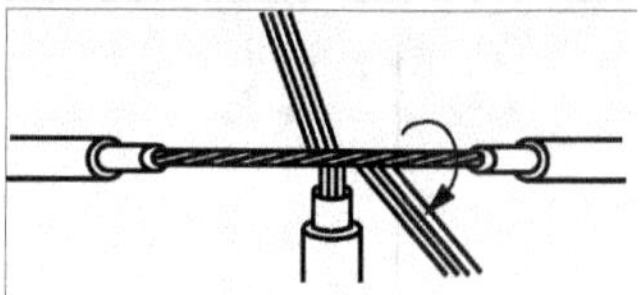 a） 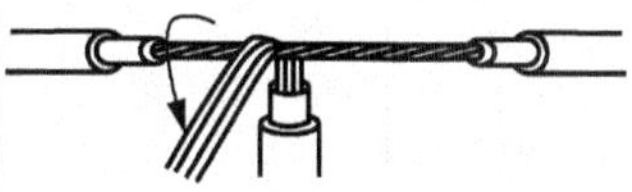 b）  c）
螺钉压接法	该法适用于有线孔和压接螺钉的接线桩。接线时，将线头穿入线孔，用适当力度旋转压线螺钉，利用螺钉的头部将导线压紧，如果有两根或以上的导线要穿同一线孔压接时，应先将线头绞接成一股再压接	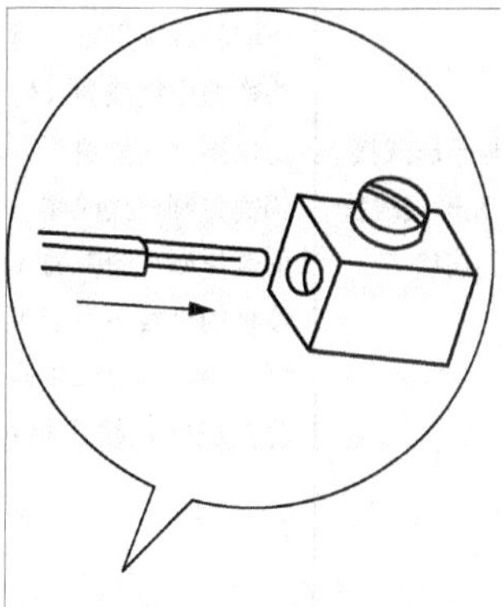 a）芯线折成双股进行连接 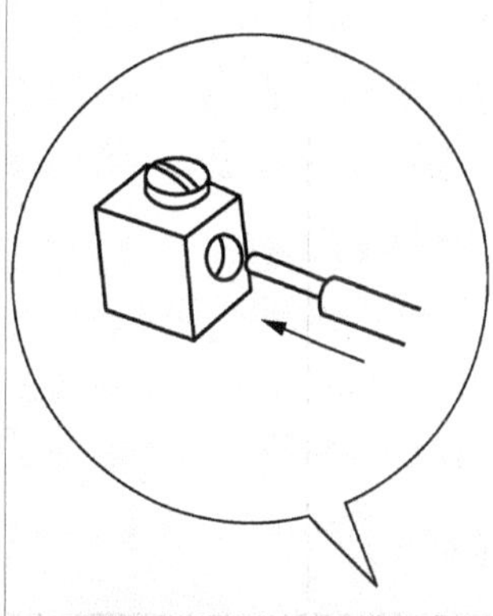 b）单股芯线插入连接

续表

连接类型	连接工艺要点	操作示意图
线头与平压式接线桩、瓦形接线桩的连接	本压接线桩是利用半圆头，圆柱头或六角头螺钉加垫圈将线头压紧。对载流量较小的单股芯线，先将线头弯曲成接线圈（俗名羊眼圈）按顺时针方向压接在压接螺钉的垫圈下。对于不超过 $10mm^2$ 的多股芯线，仍需先制作接线圈，压按在压接螺钉垫圈下。接线圈的制作如右图中的 a）、b）、c）、d）所示。瓦形接线桩的接线多用于单股芯线，压接方法与平压线桩大同小异。但要求弯曲成钩状。如果两股线压接，要求将两股钩状线头相对压接，如图 e）、f）所示	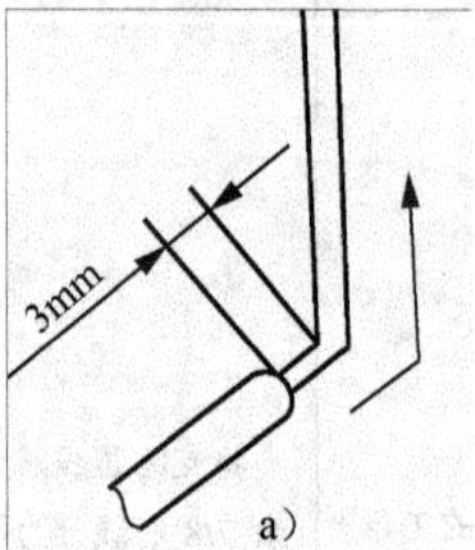 3mm a） 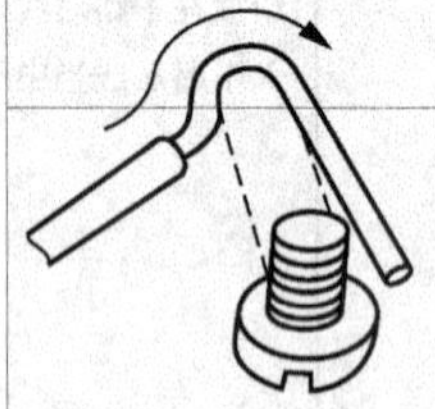 b） 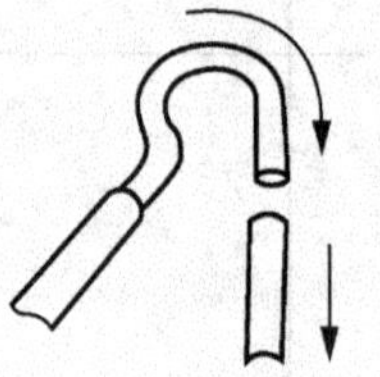 c） 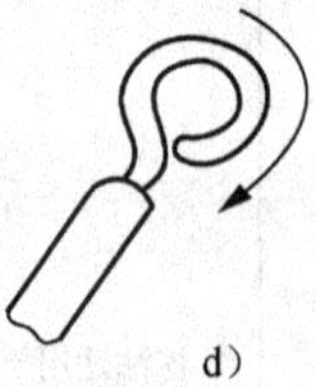 d） 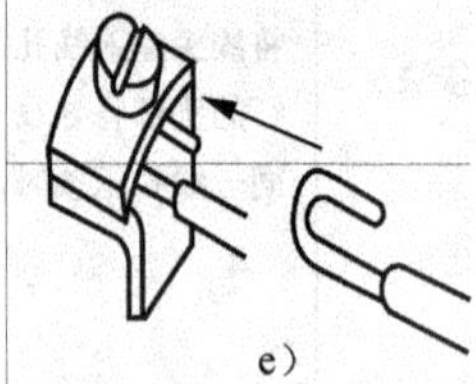 e） 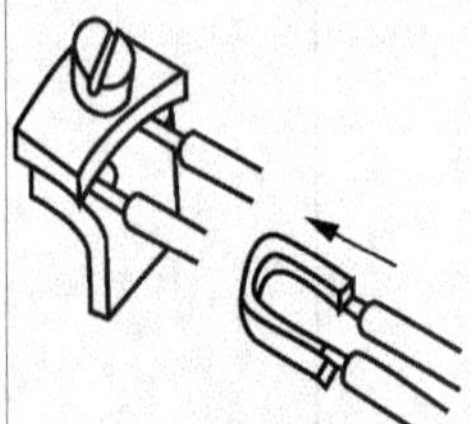 f）

练一练

1. 请练习不同方法的导线连接。
2. 请谈一谈常用导线连接的注意事项。

活动 3　恢复导线绝缘层

在线头连接完成后，导线连接前破坏的绝缘层必须恢复，且恢复后的绝缘强度一般不应低于剥削前的绝缘强度，才能保证用电安全。电力线上恢复线头绝缘层常用黄蜡带、涤纶薄膜带和黑胶带（黑胶布）三种材料。绝缘带宽度选 20mm 比较合适。包缠时，先将黄蜡带从线头的一边在完整绝缘层上离切口 40mm 处开始包缠，使黄蜡带与导线成 55° 的倾斜角进行包缠，后一圈压叠在前一圈 1/2 的宽度上，如图 3-1-3a、b 所示。黄蜡带包缠完以后，将黑胶带接在黄蜡带尾端，朝相反方向斜叠包缠，仍倾斜 55°，后一圈仍压叠前一圈的 1/2，如图 3-1-3c、d 所示。

在 380V 的线路上恢复绝缘层时，先包缠 1～2 层黄蜡带，再包缠一层黑胶带。在 220V 线路上恢复绝缘层时，可先包一层黄蜡带，再包黑胶带，黑胶带只包两层。

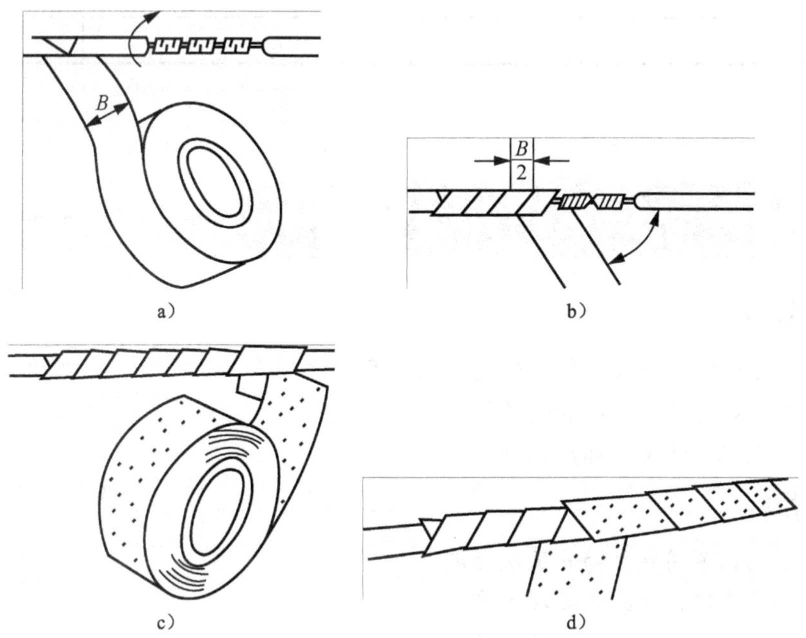

图 3-1-3　绝缘带的包缠

练一练

1. 请谈一谈恢复导线绝缘层的注意事项。
2. 请练习恢复导线绝缘层。

任务评价

任务评价见表3-1-4。

表3-1-4 任务评价表

序号	评价指标	配分	评分标准	扣分	得分
1	认识导线	10分	能说出导线的名称		
		5分	能说出导线的型号		
		5分	能说出导线的主要用途		
2	导线选择	10分	简述导线选择需满足的条件		
3	导线剥削	15分	导线剥削整齐，对线芯无损伤		
4	导线连接	15分	导线连接正确、牢固、美观		
5	恢复绝缘层	15分	恢复绝缘层后，导线绝缘强度高		
6	安全规范	10分	操作安全、规范		
7	学习纪律意识	5分	实训态度端正		
		5分	爱护实训设备、器材，无损坏丢失		
		5分	遵守纪律，服从管理		
总分					

任务2 认识常用开关及插座

知识目标

1）了解常用开关、插座的类型及作用。

2）能描述开关、插座的特性。

3）能记住开关、插座的符号。

技能目标

1）认识不同外形的开关及插座。

2）能选用合适的开关及插座。

3）能判断开关、插座的质量。

任务导入

开关是用来控制接通和断开电路的一种低压电器。图 3-2-1 所示为用来控制各电路的低压断路器。插座，又称为电源插座、开关插座，指有一个或一个以上电路接线可插入的座，通过它可插入各种接线，便于与其他电路接通，如图 3-2-2 所示。

图 3-2-1　低压断路器

图 3-2-2　插座

活动 1　认识各式各样的开关

市场上的开关种类较多，首先认识一下常见的开关，详见表 3-2-1。

表 3-2-1　常见开关

序号	名称	实物图
1	拉线开关	
2	刀开关	静触头 动触头 熔体

续表

序号	名称	实物图
3	一开单控开关	
4	二开单控	
5	旋钮开关	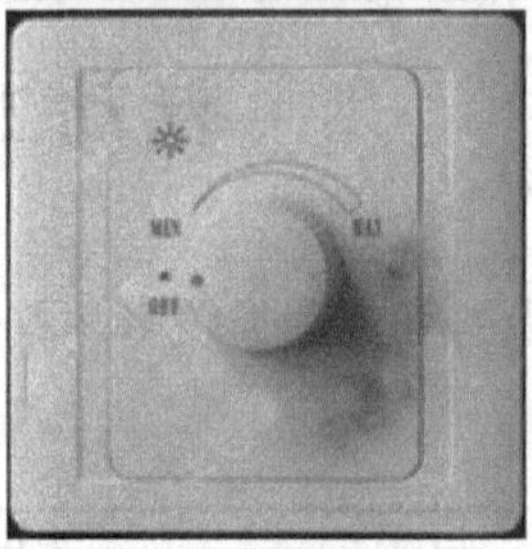
6	触点延时开关	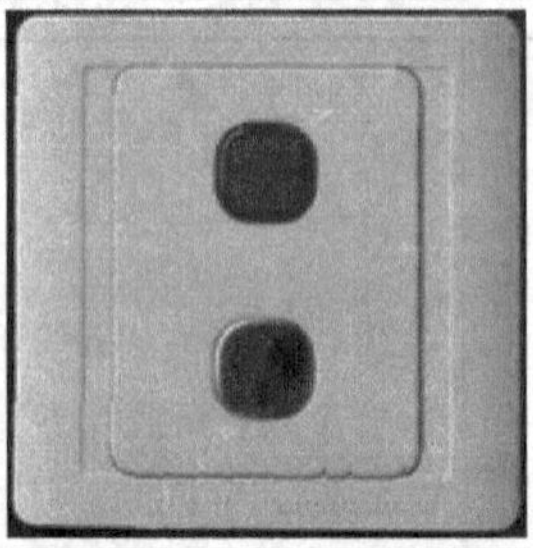
7	智能红外线感应开关	

续表

序号	名称	实物图
8	带插座的开关	
9	低压断路器	
10	拨动开关	
11	按钮	

知识探究

1. 开关的种类

各种常见开关分类见表 3-2-2。

表 3-2-2　各种常见开关分类

分类方式	种类	备注
按连接类型分类	单联开关、双联开关等	“联”指的是同一个开关面板上有几个开关按钮。所以“单联”=“一个按钮”；“双联”=“两个按钮”；“三联”=“三个按钮”；“控”指的是其中开关按钮的控制方式，一般分为：“单控”和“双控”两种。“单控”就是说它只有一对触点（常开触点或常闭触点）；“双控”就是说它有两对触点（一对常开触点和一对常闭触点）
按安装方法分类	明装式开关、暗装式开关、半暗装式开关等	
按开关数分类	单控开关、双控开关、多控开关	
按开关功能分类	调光开关、调速开关、感应开关、智能开关、插卡取电开关等	

2. 开关的电路符号

开关的电路符号见表 3-2-3。

表 3-2-3　开关的电路符号

符号	名称	符号	名称
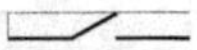	单掷开关		选择开关
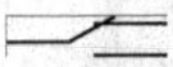	单刀双掷开关	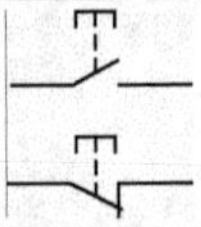	按钮开关
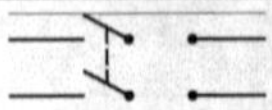	双刀双掷开关	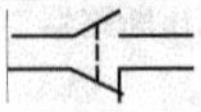	联动开关

3. 开关的主要参数

开关的主要参数见表 3-2-4。

表 3-2-4　开关的主要参数

主要参数名称	参数描述	备注
额定电压	正常工作时允许的安全电压	电压大于此值，会造成两个触点之间打火击穿
额定电流	接通时所允许通过的最大安全电流	当超过此值时，开关的触点会因电流过大而烧毁
接触电阻	在导通状态下，每对触点之间的电阻值	一般要求在 0.1～0.5Ω以下，此值越小越好
绝缘电阻	导体部分与绝缘部分的电阻值	绝缘电阻值应在 100MΩ以上
寿命	在正常工作条件下能操作的次数	一般要求在 5000～35000 次左右

练一练

1. 请根据教师提供展示的开关，说出开关的名称。
2. 请根据教师给定的开关名称画出相对应的符号。

知识拓展

1. 低压断路器的作用

1）接通和断开电源。
2）线路或设备的过载保护。
3）线路或设备的短路保护。
4）线路或设备的漏电保护与人身触电保护。

2. 低压断路器的基本结构

低压断路器的基本结构如图 3-2-3 所示。

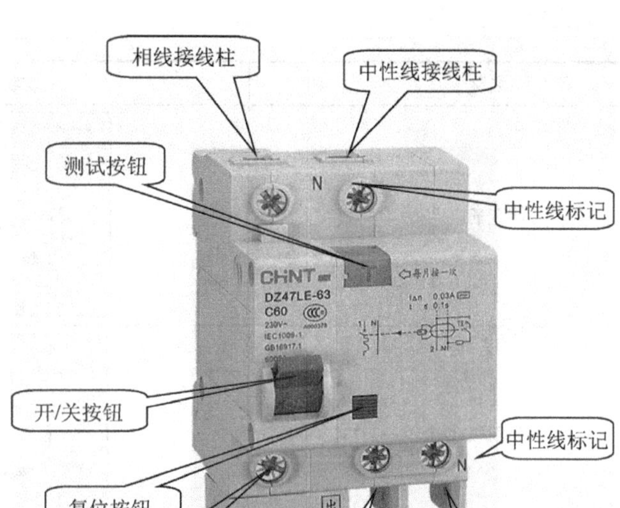

图 3-2-3　低压断路器的结构

3. 低压断路器的工作原理

利用双金属片热膨胀弯曲推动杠杆，使断路器脱扣起到过载保护作用。当电流大于额定值时，双金属片弯曲并靠近传感杆，一旦双金属片接触并推动传感杆，致使其卡口松开脱扣联杆，动触头在弹簧的作用下快速脱离静触头，从而完成保护。

活动 2　认识常用插座

市场上的插座种类较多，首先认识一下常见插座，见表 3-2-5。

表 3-2-5　常见插座

序号	名称	实物图
1	普通三孔插座	

续表

序号	名称	实物图
2	四孔插座	
3	三相四极插座	
4	五孔插座	
5	一开三孔插座	
6	一开五孔插座	
7	电视插座	直插式普通电视插座　螺旋式宽频电视插座

续表

序号	名称	实物图
8	明装插座	
9	防溅水插座	
10	电话+电脑插座	
11	电视+电脑插座	
12	四头音响插座	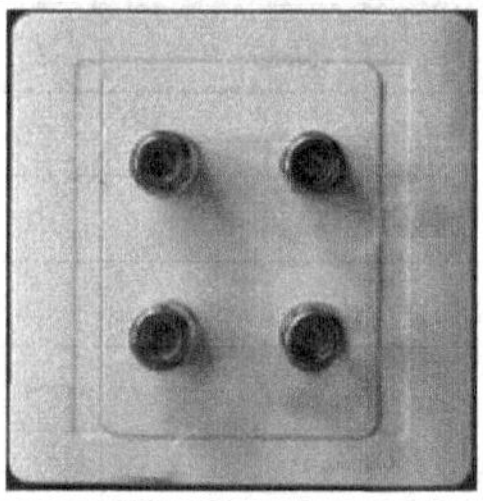
13	地板五孔插座	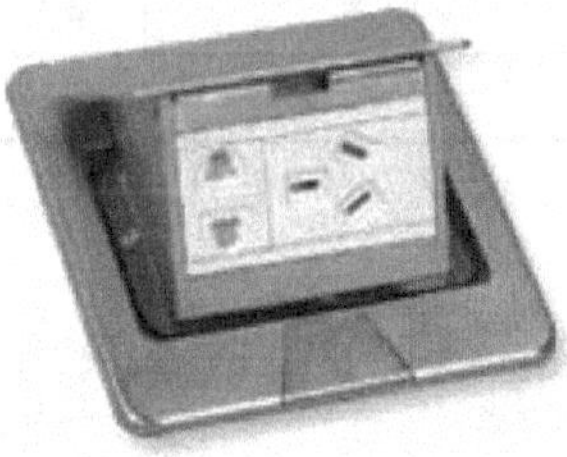

知识探究

1. 插座的分类

插座的分类详见表 3-2-6。

表 3-2-6　插座的分类

分类方式	种类	备注
按插座有无保护门分类	1）无保护门插座 2）有保护门插座	带保护门的插座也就是平时所说的“安全插座”；这种插座的接线桩外侧装有绝缘物，使用时需要用较大的力才能把插头插进去；插头拔出来后，绝缘物自动复位，特别有助于防止小孩触电
按安装方式分类	1）明装式；2）暗装式；3）移动式；4）地板暗装式	

2. 插座的选择

一般情况下插座单独使用，应避免频繁插拔，如洗衣机插座、电饭锅及电热水器插座等使用频率相对较低的电器可以考虑采用带开关插座。

练一练

1. 请根据教师说出的插座名称，找出对应的插座。
2. 请根据教师提供、展示的插座，说出插座的名称。

任务评价

任务评价见表 3-2-7。

表 3-2-7　任务评价表

序号	评价指标	配分	评分标准	扣分	得分
1	识别开关	30 分	请识别 10 个不同类型的开关，错一个扣 3 分		
2	识别插座	30 分	请识别 10 个不同类型的插座，错一个扣 3 分		
3	绘制开关电路的符号	30 分	画出 1 中的 10 个开关的电路符号，错一个扣 3 分		
4	学习纪律意识	3 分	遵守纪律，服从管理		
		3 分	实训态度端正		
		4 分	爱护实训设备，器材，无损坏丢失		
总分					

项目4

认识与使用电工仪表

项目描述

在电工技术中，仪器测量是不可缺少的一部分，它主要是借助各种电工仪器、仪表对电气设备或电路的各种物理量进行测量，以便了解和掌握电气设备的特性和运行情况，检查电气元器件的质量和工作情况。本项目主要介绍万用表、钳形电流表、兆欧表及电度表的使用。

任务1 认识与使用万用表

知识目标

能叙述万用表的结构、原理、用法及日常维护方法。

技能目标

能用万用表测量电路中的电流、电压和电阻等基本物理量。

任务导入

万用表是一种多用途的电工仪表，是电工、电子、电气设备生产和维修中常用的工具。万用表种类很多，根据显示方式的不同通常可分为指针式万用表和数字式万用表两大类。前者的测量结果通过指针在表盘上显示，后者的测量结果通过数码管显示。万用表使用灵活、携带方便，用途十分广泛。

活动1 认识常见万用表

万用表是一种多功能、多量程的测量仪表，其种类较多。下面就来认识一些常见的万用表，详见表4-1-1。

表4-1-1 常见万用表

序号	名称	实物图
1	型号：MF-47（指针式）	

续表

序号	名称	实物图
2	型号：MF-30（指针式）	
3	型号：MF-500（指针式）	
4	型号：DT-9205A（数字式）	
5	型号：UT-52（数字式）	

续表

序号	名称	实物图
6	型号：UT-110（数字式）	

知识探究

1. 指针式万用表

1）用途：指针式万用表利用其自身的转换开关，可测量直流电压、交流电压、直流电流及电阻等多种物理量，有的万用表还可测量电感器、电容器和晶体管的某些特性，还可以检查元器件性能的好坏，以及检测、调试各种电子设备。

2）表的维护：测量前，应充分了解表的性能与使用方法，不得超量程使用。慎用“$R\times1$”挡（表输出电流大，最大可达 90mA）与“$R\times10$k”挡（表内 9V 与 1.5V 电池串联）。

测量完毕后，将换挡开关置于“OFF”挡或交流电压最大挡。如果长期不用，需将电池取出。

2. 数字式万用表

数字式万用表也称为数字多用表（DMM）。随着大规模集成电路的发展，数字式万用表得到了迅速发展，深受使用者的喜爱，正逐步成为电子与电工测量及各种电路设备维修的必备仪表。

数字式万用表有以下优点：

1）数字显示，直观准确。

2）准确率高、分辨率高、测量速度快。

3）输入阻抗高、集成度高、便于组装和维修。

4）保护功能齐全，还具有功耗低，抗干扰能力强等特点。

【温馨提示】

1）测量前，应检查电池容量，数字式万用表一般采用 9V 干电池作为电源，若电池容量不足，显示屏左下方会出现提示符号。

2）应置放在包装盒内，避免液晶显示板长时间受到光照，从而提前老化。

3）孔旁边注有危险标记的数字为该插孔的极限值，使用中绝对不能超出此值。

4）数字式万用表使用完毕后，应将量程开关置于电压挡最高量程，并关闭电源。
5）若长时间不用，应将电池取出。

练一练

1. 根据万用表显示方式的不同，一般可将其分为________和________两大类。
2. 请学生根据教师提供、展示的万用表，说出万用表的型号。
3. 请说出指针式万用表使用中的注意事项。
4. 请说出数字式万用表使用中的注意事项。

活动2　认识万用表的结构

万用表的结构见表4-1-2和表4-1-3。

表4-1-2　指针式万用表的结构

序号	结构	实物图
1	万用表后盖	
2	保险	
3	1.5V 电池	
4	9V 方块电池	

续表

序号	结构	实物图
5	MF-47 型万用表面板	
6	万用表内部结构	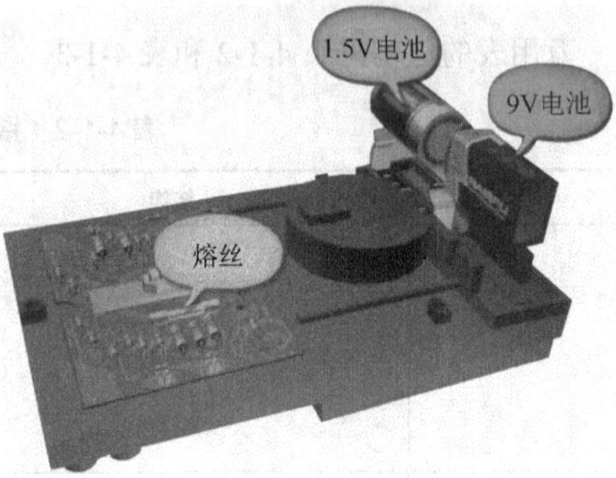

表 4-1-3　数字式万用表的结构

序号	结构	实物图
1	DT-9205A 数字万用表面板	

续表

序号	结构	实物图
2	峰鸣器	
3	内部结构	

知识探究

1. 指针式万用表

MF-47 型万用表的面板结构如图 4-1-1 所示。面板上部是表头、指针、表盘，表盘下方正中是机械调零旋钮，再下方是转换开关、欧姆调零旋钮和各种功能的插孔。换挡开关位于面板下部正中，周围标有该万用表测量的物理量类型及量程。换挡开关左上角是测 NPN 和 PNP 型晶体管的插孔，左下角有“+”和“-”的插孔分别是红、黑表笔插孔。换挡开关右下角从上到下分别是 2500V 交、直流电压和 5A 直流测量专用红表笔插孔。

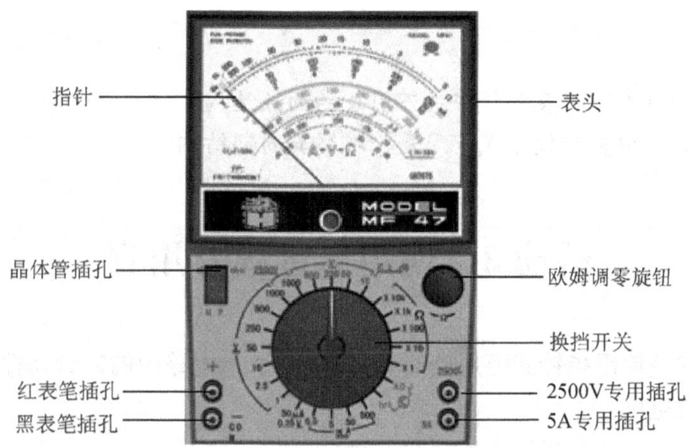

图 4-1-1 MF-47 型万用表的面板结构

2. 数字式万用表

数字式万用表是由数字电压表配上相应的功能转换器构成。它可对交、直流电压，交直流电流，电阻，电容及频率等参数进行直接测量。数字式万用表（以 DT-9205A 为例）的面板结构如图 4-1-2 所示。

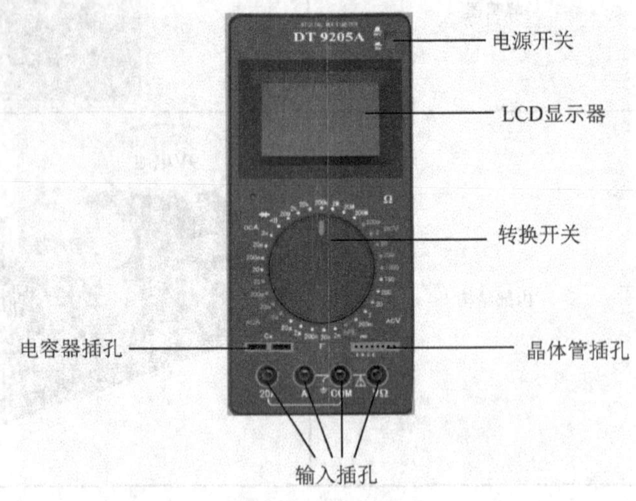

图 4-1-2 DT9205A 数字式万用表的面板结构

1）数字电压表：直流数字电压表是数字万用表最基本的组成部分，数字电压表由 A-D 转换器、计数器、译码显示器和控制器等组成。A-D 转换器将所测量的模拟量转变为数字量，并由计数器、译码显示器在控制器的控制下，对计数器输出的信号进行译码和显示。这样，输入电压的数值就可以通过液晶显示器显示出来了。

2）转换器：数字万用表是在直流数字电压表的基础上扩展而成的，为了能测量交流电压、电流、电阻、电容、二极管正向压降等电量，必须增加相应的转换器，将被测电量转换成直流电压信号，再由 A-D 转换器转换成数字量并以数字形式显示出来。

练一练

1. 练习识读指针式万用表和数字式万用表的面板结构。
2. 拆开指针式万用表和数字式万用表，观察其内部结构。

活动 3 使用指针式万用表

本活动的内容是使用指针式万用表测量图 4-1-3 所示电路中的部分元件（电阻）、电路中的直流电流和直流电压。

1. 测电阻

1）操作要领：测电阻时，应先将万用表调零，将电路电源断开再测量，手不宜接触电

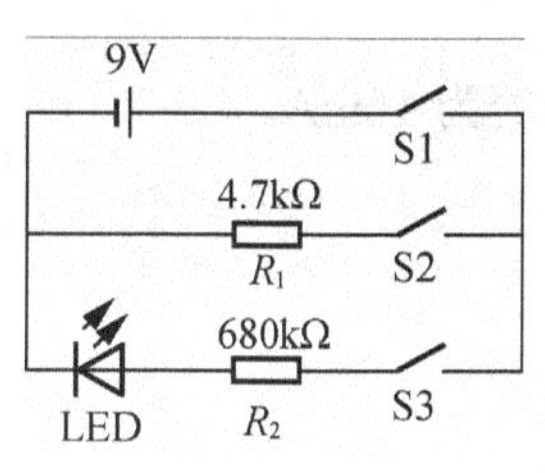

图 4-1-3　电路图

阻，防止并联改变测量精度，读数时，勿忘乘倍数。

2）测量 R_1 的操作步骤。

① 断开 S2。

② 将万用表挡位调至 $R\times1$k 挡，电阻的挡位也称为倍率。

③ 将两表笔短接，旋动欧姆调零旋钮进行调零。

④ 将两表笔分别接开关 S2 左端（或电阻 R_1 右端），电阻 R_1 左端（或与电池、LED 相连的"T"形节点处）。测量电阻 R_1 的实物电路如图 4-1-4 所示。万用表读数如图 4-1-5 所示。

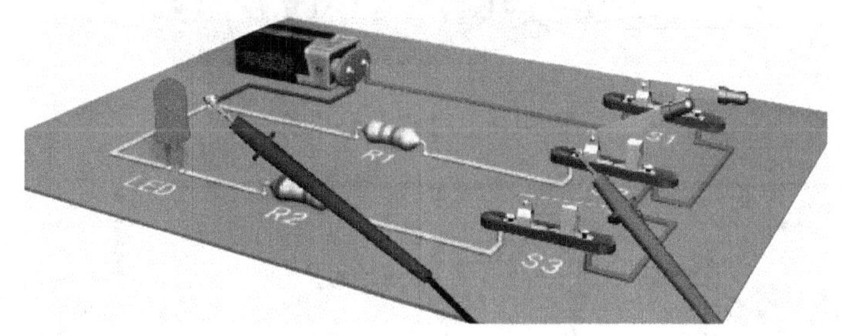

图 4-1-4　用万用表测量 R_1 两端的电阻

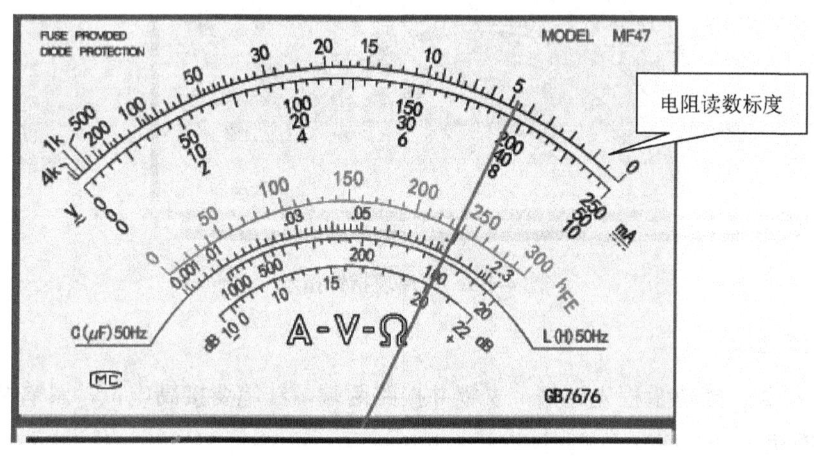

图 4-1-5　电阻 R_1 的阻值示数

⑤ 读数。电阻值＝指针读数×倍率，R_1＝4.7×1kΩ＝4.7kΩ。

2. 测直流电流

1）操作要领：将量程开关拨至电流挡，表笔串接在电路中，正负极性要正确，挡位由大换到小，换好挡后再测量。

2）测量 R_2 支路电流的步骤。

① 选择万用表 50mA 挡位。

② 合上开关 S1。

③ 将红表笔接开关 S3（或 S2、S1）右端，黑表笔接开关 S3 左端（或电阻 R_2 右端），

如图 4-1-6 所示。观察读数，如图 4-1-7 所示。

④ 读数。电流值=电流量程/量程总格数×指针所指格数，所测电流为 10mA。

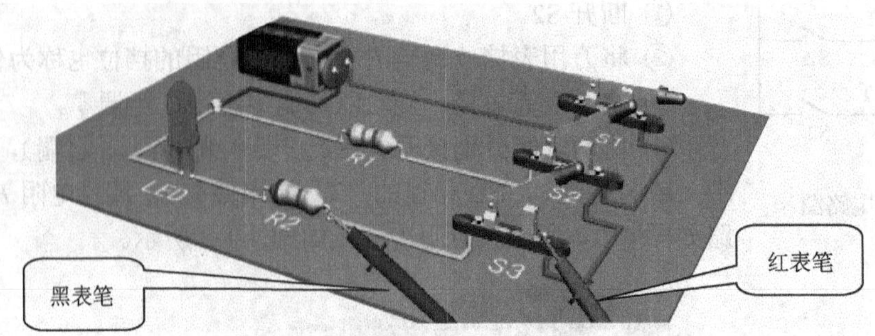

图 4-1-6 测 R_2 支路电流

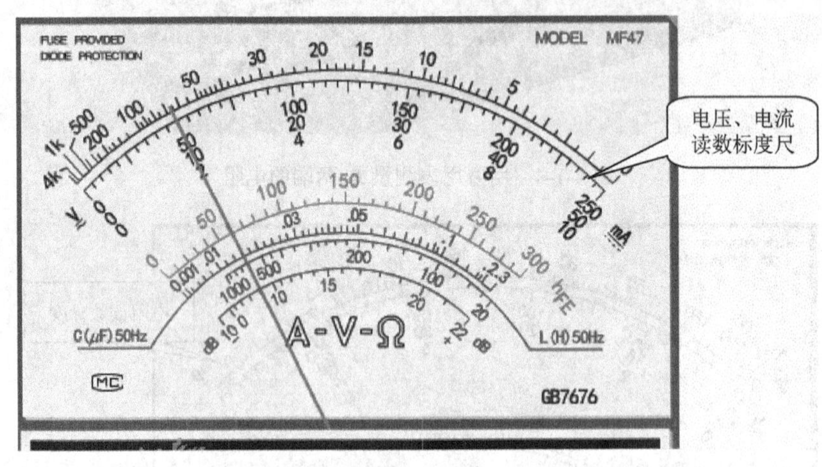

图 4-1-7 万用表指针指示

3. 测直流电压

1）操作要领：挡位量程先选好，表笔并接路两端，红笔要接高电位，黑笔接在低位端，换挡之前请断电。

2）测量 R_2 两端电压的步骤。

① 将万用表挡位调至 10V 挡。

② 合上 S1、S3。

③ 将红表笔接开关 S3 左端（或电阻 R_2 右端），黑笔接电阻 R_2 左端，万用表的连接方法如图 4-1-8 所示。观察读数，如图 4-1-9 所示。

④ 读数。电压值=电压量程/量程总格数×指针所指格数，所测电压为 6.8V。

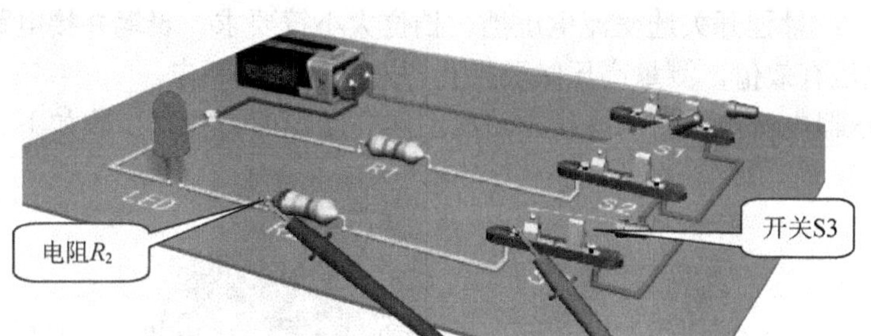

图 4-1-8　测量 R_2 两端电压

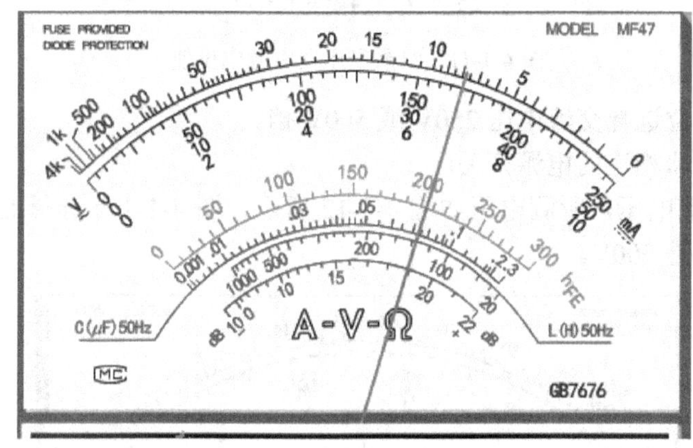

图 4-1-9　万用表测 R_2 两端电压读数

练一练

1. 测量 R_2 两端的阻值。
2. 测量 R_1 支路的电流。
3. 测量 R_1 两端的电压。

知识拓展

测量图 4-1-10 中的交流电压值。

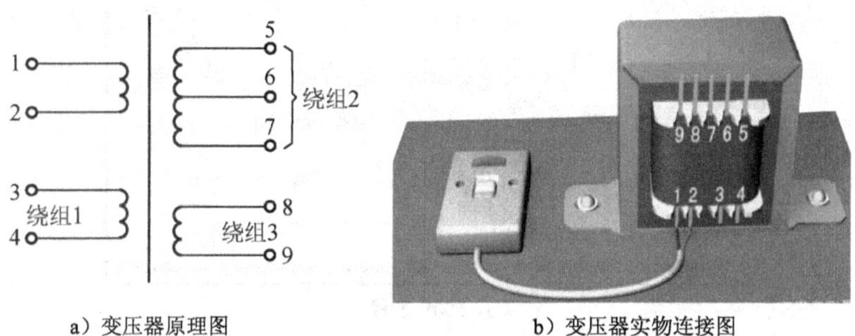

a）变压器原理图　　b）变压器实物连接图

图 4-1-10　变压器原理图及实物连接图

1）操作要领：量程开关选交流电压挡，挡位大小符要求，表笔并接电路两端，极性不分正负，测出电压有效值。测量高压时要换孔，勿忘换挡先断电。

2）测量变压器电源电压值的操作方法如图 4-1-11 所示，操作步骤如下。

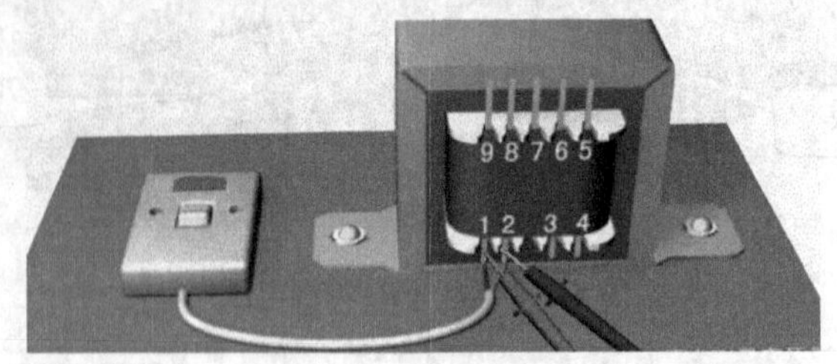

图 4-1-11　测量变压器电源电压值

① 将万用表挡位选择交流电压 250V 或 500V 挡。

② 打开与变压器相连的电源开关。

③ 测 1、2 两端电压，所测电压如图 4-1-12 所示，图 4-1-12a 选择的量程是 220V，图 4-1-12b 选择的量程是 500V。

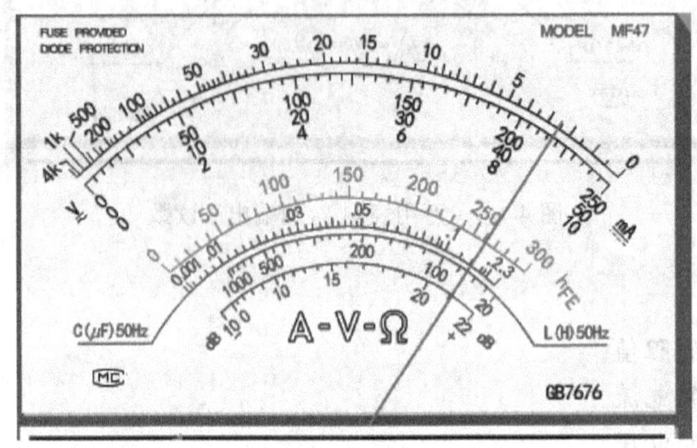

a）220V 量程

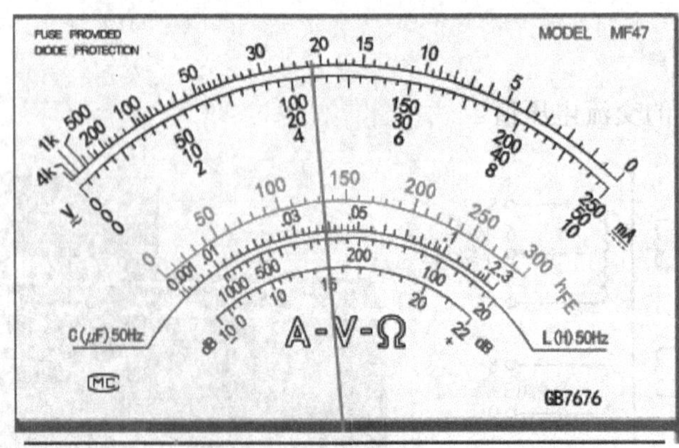

b）500V 量程

图 4-1-12　测交流电压时万用表指针读数

④ 读数。电压值=电压量程/量程总格数×指针所指格数，所测电压图 4-1-12 a 约为 217V，图 4-1-12 b 为 220V。

活动 4　使用数字式万用表

用数字式万用表测量图 4-1-13 所示电路中的部分元件（电阻）、直流电流和直流电压。

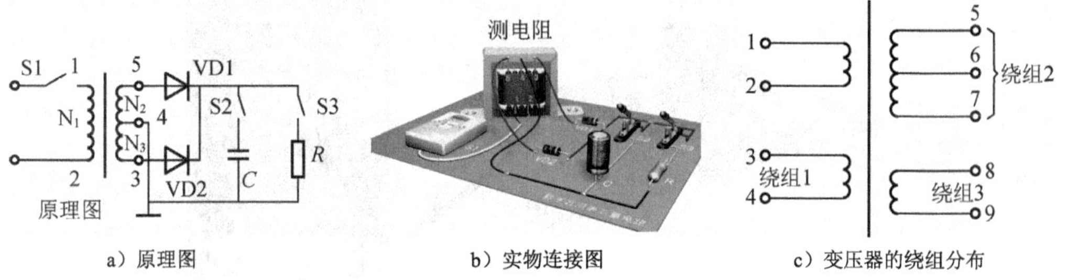

图 4-1-13　电路原理图及实物连接图

1. 测电阻

测量电阻 R 的操作步骤如下：

① 将转换开关置于 R×2k 电阻挡。

② 打开万用表电源开关。

③ 断开 S3。

④ 将两表笔分别接入 R 两端，测出示数为 1.000，如图 4-1-14 所示。

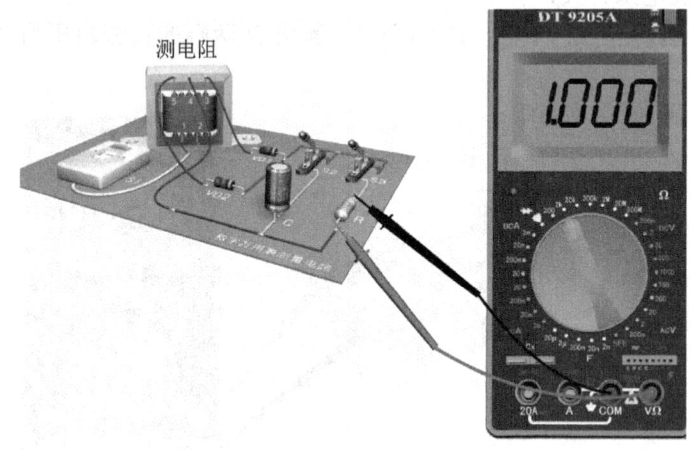

图 4-1-14　测量 R 的阻值

2. 测直流电流

测量直流电流的操作步骤如下：

① 将转换开关置于 DCV 200mA 挡。

② 打开万用表电源开关。

③ 闭合开关 S1、 S2。

④ 将两表笔分别接入 R 上端和 S3 上端，读出示数如图 4-1-15 所示。

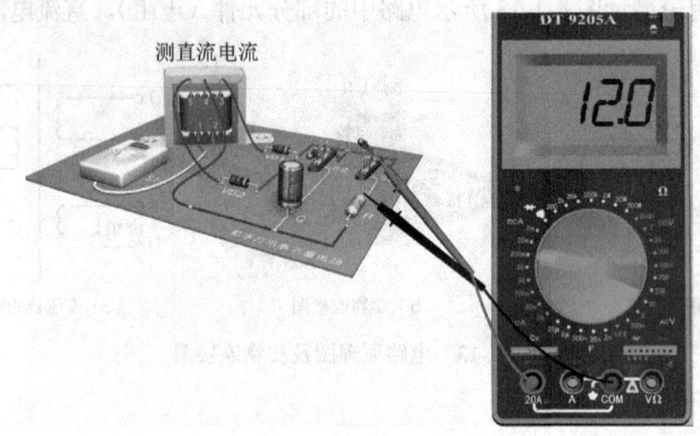

图 4-1-15 测直流电流值

3. 测直流电压

测量直流电压的操作步骤如下：

① 将转换开关置于 DCV 20V 挡。

② 打开万用表电源开关，将红表笔接在 S3 上端，黑表笔接在 R 的下端。

③ 闭合开关 S1，当 S2 断开、S3 闭合时，测出 R 两端的直流电压为 9V，如图 4-1-16 所示。

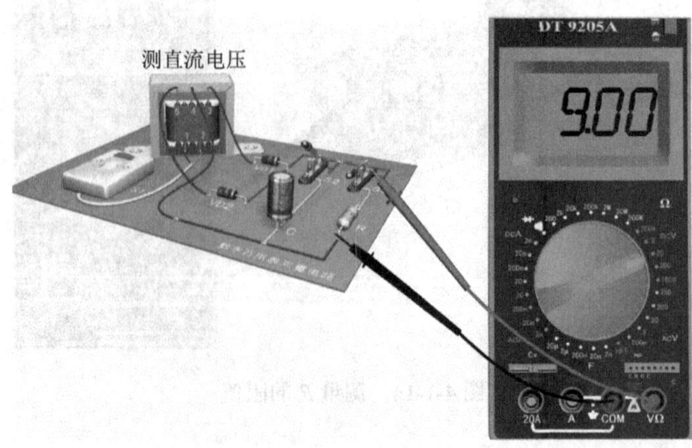

图 4-1-16 测量 R 两端的电压

4. 测交流电压

测量交流电压的操作步骤如下：

① 将转换开关置于 ACV 750V 挡。

② 打开万用表电源开关。

③ 闭合开关 S1。

④ 将两表笔分别接至触点 1、2，读出示数为 220V，如图 4-1-17 所示。

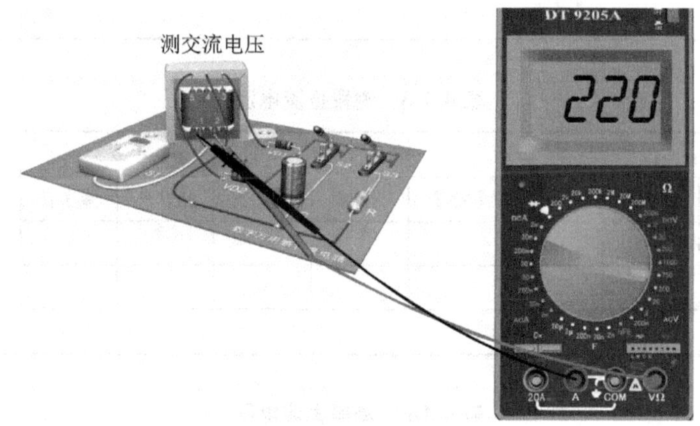

图 4-1-17　测交流电压

练一练

1. 根据图 4-1-13 连接电路。

1）闭合开关 S1，当 S2 闭合、S3 闭合时，测出 R 两端的直流电压值。

2）测出 $N2$、$N3$ 的交流电压。

2. 在图 4-1-18 所示电路中，a、b 两端连在直流稳压电源的输出端上，电阻 $R_1 \sim R_5$ 上所流过的电流分别为 $I_1 \sim I_5$，它们两端的电压分别为 $U_1 \sim U_5$。请根据电路图连接实物电路，并按要求用万用表测量相关数据，完成表 4-1-4～表 4-1-6。

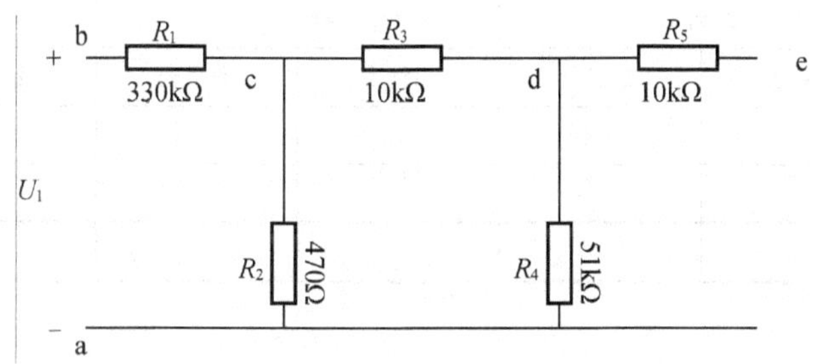

图 4-1-18　测量用电路

表 4-1-4　测量电阻

单个电阻	R_1		R_2		R_3		R_4		R_5	
标准值	330 kΩ		470 Ω		10 kΩ		51 kΩ		10 kΩ	
使用仪表	指针表	数字表	指针表	数字表	指针表	数字表	指针表	数字表	指针表	数字表
欧姆挡倍率										
读数										
得分										

表 4-1-5　测量直流电流

电流测量	I_1		I_2		I_3		I_4		I_5	
使用仪表	指针表	数字表	指针表	数字表	指针表	数字表	指针表	数字表	指针表	数字表
仪表量程										
读数										
得分										

表 4-1-6　测量直流电压

电压测量	U_1		U_2		U_3		U_4		U_5	
使用仪表	指针表	数字表	指针表	数字表	指针表	数字表	指针表	数字表	指针表	数字表
仪表量程										
读数										
得分										

3. 根据图 4-1-3 连接实物电路，并测量绕组 1、绕组 2、绕组 3 的交流电压，完成表 4-1-7。

表 4-1-7　测量直流稳压电源交流电压

电压测量	绕组 1		绕组 2		绕组 3	
使用仪表	指针表	数字表	指针表	数字表	指针表	数字表
仪表量程						
读数						
得分						

任务评价

任务评价见表 4-1-8。

表 4-1-8 任务评价表

序号	评价指标	配分	评分标准	扣分	得分
1	实训态度	10 分	实训态度端正，遵守纪律，服从管理，爱护实训设备、器材，无损坏丢失		
2	万用表的操作规范	10 分	操作不规范，一次扣 2 分		
3	测量电阻	20 分	结果错误，每次扣 2 分，扣完为止		
4	测量直流电流	20 分	结果错误，每次扣 2 分，扣完为止		
5	测量直流电压	20 分	结果错误，每次扣 2 分，扣完为止		
6	测量直流稳压电源交流电压	20 分	结果错误，每次扣 2 分，扣完为止		
总分					

任务 2 认识与使用钳形电流表

知识目标

1）了解钳形电流表的构造、分类及工作原理。

2）掌握钳形电流表的使用方法。

技能目标

1）能正确使用钳形电流表测量电路中的电流。

2）能安全使用钳形电流表进行测量并正确读出测量结果。

任务导入

钳形电流表是电机运行和维修工作中最常用的测量仪表之一。用普通电流表测量电流时，通常需要将电路断开后才能将电流表接入进行测量，而使用钳形电流表则可在不断开电路的情况下进行测量。其中，数字式钳形电流表还增加了测量交、直流电压，直流电阻及电源频率等功能，因而其用途更为广泛。本任务就来介绍钳形电流表。

活动1 认识钳形电流表

常见钳形电流表见表4-2-1。

表4-2-1 常见钳形电流表

序号	型号	实物图
1	指针式 KEN2805 型	
2	指针式 DE-380 型	
3	指针式 2413FA 型	
4	数字式 DM6266 型	

续表

序号	型号	实物图
5	数字式 UT201 型	
6	数字式 DT3266L 型	

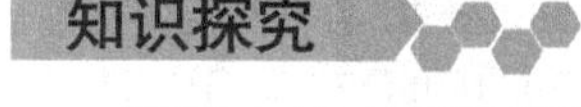

钳形电流表简称钳形表，其工作部分主要由一只电磁式电流表和穿心式电流互感器组成。穿心式电流互感器的铁心制成活动开口，且成钳形，故名钳形电流表。

钳形表的准确度不高，通常为 2.5～5 级。它的结构及分类见表 4-2-2。

表 4-2-2　钳形电流表的结构及分类

名称	外形结构	分类
钳形电流表	钳口 互感器铁心 互感器二次绕组 电流表 转换开关 扳手 手柄	互感式钳形电流表 电磁系钳形电流表

练一练

1. 请说出钳形电流表有哪些型号。
2. 请说出钳形电流表的组成。

活动 2　使用钳形电流表

1. 钳形电流表的使用方法

钳形电流表的使用方法见表 4-2-3。

表 4-2-3　钳形电流表的使用方法

步骤	使用方法	注意事项
1）使用前	检查检定合格证以及是否在检定周期之内	检查内容有：①检查钳口上的绝缘材料有无脱落、破裂等损伤现象；②检查钳形电流表包括表头玻璃在内的整个外壳，不得有开裂和破损现象；③对于指针式钳形电流表，若表针不在零点则可通过调节机构调准；④对于数字式钳形电流表，还需检查表内电池的电量是否充足，不足时必须更新
2）使用时	首先，在使用时应按紧扳手，使钳口张开，将被测导线放入钳口中央，然后松开扳手并使钳口闭合紧密	不可同时钳住两根导线
	其次，要根据被测电流大小选择合适的钳型电流表的量程	应从最大量程开始测量，逐步变换挡位直至量程合适
3）使用后	使用完毕，退出被测导线	将量程选择旋钮置于高量程挡位上，以免下次使用时不慎损伤仪表

2. 用钳形电流表测三相异步电动机电流

（1）实训器材

钳形电流表 1 块/组，三相笼型电动机 1 台/组，铜心绝缘软线适量/组，常用工具 1 套/组。

（2）操作步骤

① 检查钳形电流表指针是否指向零位，若未指向零位，应进行机械调零。

② 将钳形电流表转换开关置于 ACA5 挡。

③ 合上电源开关。

④ 将钳形电流表放至电机上端导线处，使导线处于钳口内中心位置处，读数。操作如图 4-2-1 所示。

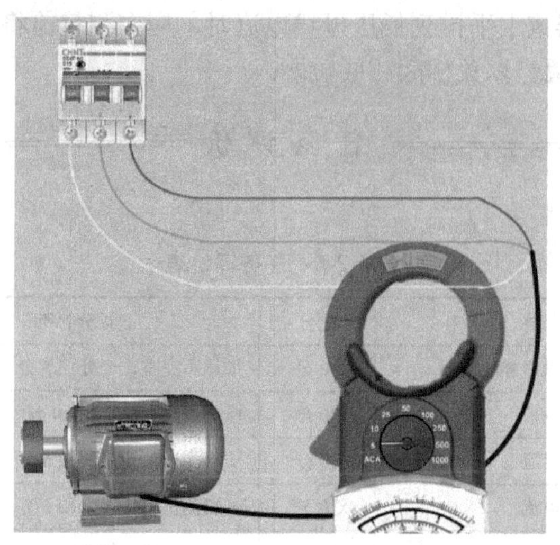

图 4-2-1 钳形电流表操作示意图

练一练

1. 使用钳形电流表测一只 60W 的白炽灯正常工作时的电流。
2. 用钳形电流表测三相异步电动机电流，并将测量数据记录到表 4-2-4 中。

表 4-2-4 电流记录表

钳形电流表型号：	电动机型号：		
正常工作状态电流/A	U	V	W
断相运行状态电流/A			
简述钳形电流表的基本操作方法：			

知识拓展

钳形电流表在断开线路的情况下直接测量电流的方法如下：

1）使用高压钳形电流表时应注意其电压等级，严禁用低压钳形电流表测量高电压回路的电流。

2）当电缆有一相接地时，严禁测量。

3）测量结束后，应将钳形电流表开关拨至最大挡，以免下次使用时不慎损坏仪表；并应保存在干燥的室内。

4）观测表计时，要特别注意保持头部与带电部分的安全距离，人体任何部分与带电体的距离应不得小于钳形电流表的整个长度。

5）在高压回路上测量时，禁止用导线从钳形电流表另接表计测量。

6）测量低压熔断器或水平排列低压母线电流时，应在测量前将各相低压熔断器或母线用绝缘材料加以保护隔离，以免引起相间短路。

任务评价

任务评价见表 4-2-5。

表 4-2-5 任务评价表

序号	评价指标	配分	评分标准	扣分	得分
1	钳形电流表的基本操作方法描述	20 分	描述不完整，一处扣 5 分		
2	钳形电流表的操作规范	20 分	操作错误一次，扣 10 分		
3	测量正常工作状态电流	20 分	一相测试值错误，扣 5 分		
4	测量断相运行状态电流	20 分	一相测试值错误，扣 5 分		
5	正确完成表 4-2-4	10 分	一处未完成，扣 2 分		
6	安全规范	10 分	操作不规范，一次扣 2 分		
总分					

任务 3 认识与使用兆欧表

知识目标

1）认识兆欧表。

2）了解兆欧表的分类。

技能目标

会使用兆欧表。

任务导入

兆欧表又叫摇表、迈格表、高阻计、绝缘电阻测定仪等，是一种测量电气设备及电路绝缘电阻的仪表。

活动 1　认识兆欧表

兆欧表种类较多，下面就来认识常见兆欧表，详见表 4-3-1。

表 4-3-1　常见兆欧表

序号	名称	实物图
1	ZC-7 型指针式兆欧表	
2	zc11d 型手摇式指针式兆欧表	
3	HIOKI 3451-13 型指针式兆欧表	
4	AR3126 型数字式兆欧表	
5	3022 型数字式兆欧表	

续表

序号	名称	实物图
6	3453 型数字式兆欧表	

知识探究

1. 认识模拟兆欧表表盘

模拟兆欧表是一种指针式指示仪表。其读数与指针式万用表欧姆挡相似，如图 4-3-1 所示，单位为兆欧（MΩ）。

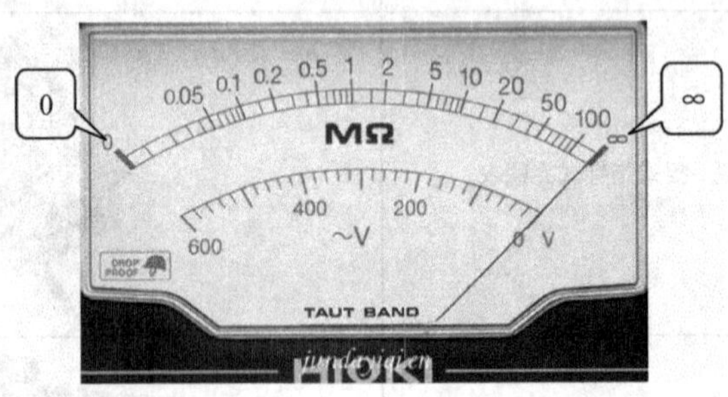

图 4-3-1　指针式兆欧表表盘

2. 认识数字兆欧表表盘

数字兆欧表是一种采用模数转换原理制成的数码显示仪表。其读数直接以数码方式显示，读数方便、精确；如图 4-3-2 所示，单位为兆欧（MΩ）。

图 4-3-2　数字式兆欧表表盘

练一练

请根据教师提供的兆欧表区分其类型。

活动2　使用兆欧表

1. 指针式兆欧表的使用

1）首先，检查兆欧表是否可用。将兆欧表水平放置，左手按住表身，右手摇动兆欧表摇柄，转速约为120r/min，若指针指向无穷大（∞），则说明兆欧表可用，如图4-3-3所示。

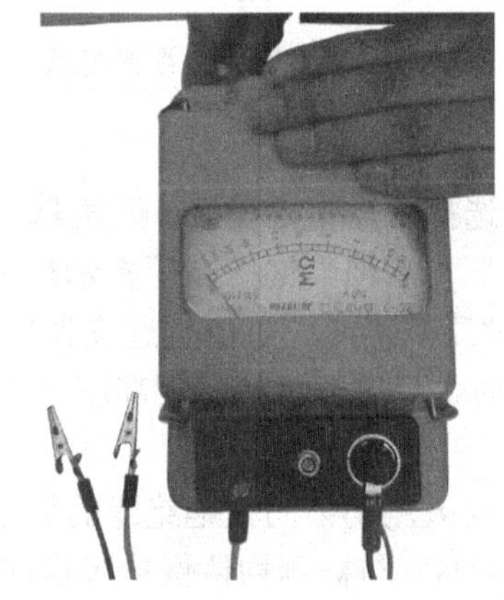

图4-3-3　检查兆欧表是否可用

2）测量前，应切断被测电器及回路的电源，并对相关元件进行临时接地放电，以保证人身与兆欧表的安全和测量结果准确。

3）测量时，必须正确接线。兆欧表共有3个接线端（L、E、G），如图4-3-4所示。

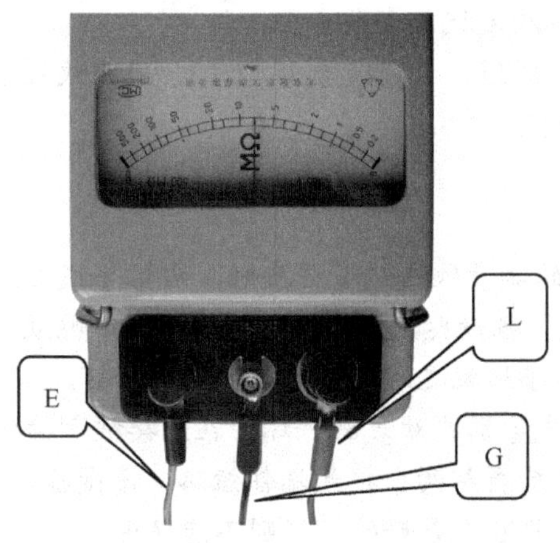

图4-3-4　兆欧表的接线端

测量回路对地电阻时，L端与回路的裸露导体连接，E端连接地线或金属外壳；测量回路的绝缘电阻时，回路的首端与尾端分别与L、E端连接；测量电缆的绝缘电阻时，为防止电缆表面泄漏电流对测量精度产生影响，应将电缆的屏蔽层接至G端，如图4-3-5所示。

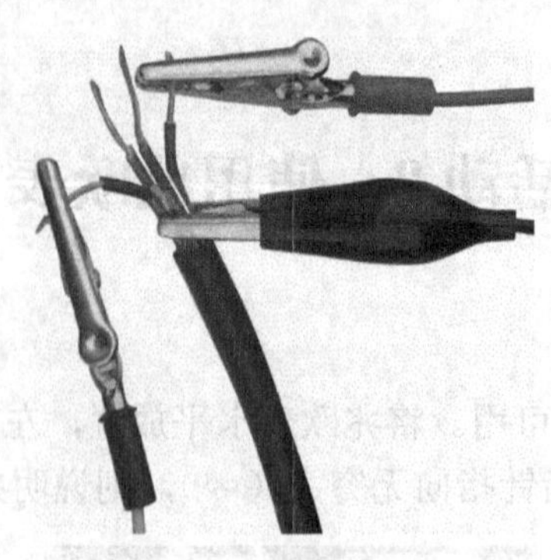

图 4-3-5 用兆欧表测量电缆的绝缘电阻

2. 数字式兆欧表的使用

开启电源开关“ON/OFF”，选择所需电压等级，开机默认为 100V 挡，选择所需电压挡位，对应指示灯亮，轻按一下高压“启停”键，高压指示灯亮，LCD 显示的稳定数值乘以 10 即为被测的绝缘电阻值。当被测的绝缘电阻值超过仪表量程的上限值时，显示屏首位显示“1”，后三位熄灭。关闭高压时，只需要再按一下高压“启停”键；关闭整机电源时，按一下电源“ON/OFF”。

测量绝缘电阻时，线路“L”与被测物体同大地绝缘的导电部分相接，接地“E”与被测物体外壳或接地部分相接，屏蔽“G”与被测物体保护遮蔽部分相接或其他不参与测量的部分相接，以消除仪表泄露所引起的误差。测量电气产品元件之间的绝缘电阻时，可将“L”和“E”端接在任一组线头上进行。

练一练

1. 请根据教师提供的兆欧表试着在表盘上读数。

2. 提供 3 根不同类型的线缆，分别编号 1、2、3，用兆欧表分别测试 3 根线缆裸露导体部分与绝缘层之间的绝缘性能。

【温馨提示】

1）兆欧表接线柱引出的测量软线绝缘应良好，两根导线之间和导线与地之间应保持适当距离，以免影响测量精度。摇动兆欧表时，不能用手接触兆欧表的接线柱和被测回路，以防触电。摇动兆欧表后，各接线柱之间不能短接，以免损坏。

2）使用兆欧表时，首先鉴别兆欧表的好坏。在未接被测物体时，先驱动欧表，使其指针可以上升到“∞”处，然后再将两个接线端钮短路，慢慢摇动兆欧表，指针应指到“0”处。若符合上述情况则说明兆欧表是好的，否则不能使用。

3）使用时，必须将兆欧表水平放置，且远离外磁场。

4）接线柱与被测物体之间的两根导线不能绞线，应分开单独连接，以防止绞线绝缘不良而影响仪表读数。

任务评价

任务评价见表 4-3-2。

表 4-3-2 任务评价表

序号	评价指标	配分	评分标准	扣分	得分
1	线缆 1 裸露导体与绝缘层	20 分	错误操作一次扣 10 分		
2	线缆 2 裸露导体与绝缘层	20 分	错误操作一次扣 10 分		
3	线缆 3 裸露导体与绝缘层	20 分	错误操作一次扣 10 分		
4	正确使用兆欧表	30 分	操作错误一次扣 10 分		
5	安全规范	10 分	操作不规范，一次扣 2 分		
总分					

任务 4 认识与使用电度表

知识目标

1）了解电度表的类型及作用。
2）掌握电度表的使用方法及读数方法。

技能目标

能正确选择、使用和安装电度表。

任务导入

电度表是一种专门用来计量某一时间段电能累计值的仪表，又称为电能表、火表、千瓦小时表。一般家庭使用的是单相电度表，主要有两大类：机械式电度表和电子式电度表。

活动 1 认识电度表

电度表的外形繁多，表 4-4-1 中为常见的电度表。

表 4-4-1　常见电度表

序号	名称	实物图
1	机械式电度表	
2	IC 卡智能电度表	
3	电子式电度表	 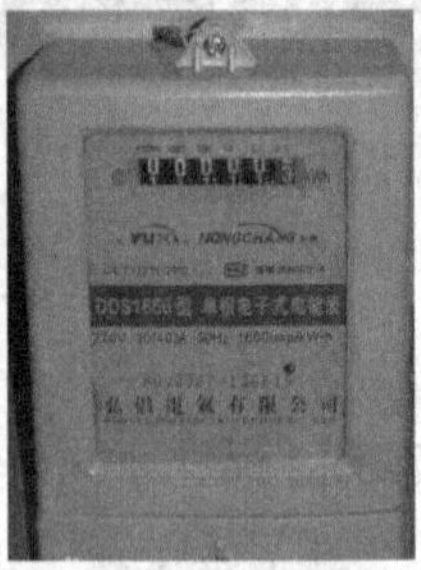

练一练

认识并分辨各类电度表。

活动 2　使用电度表

常见电度表的外形结构如图 4-4-1 和图 4-4-2 所示。

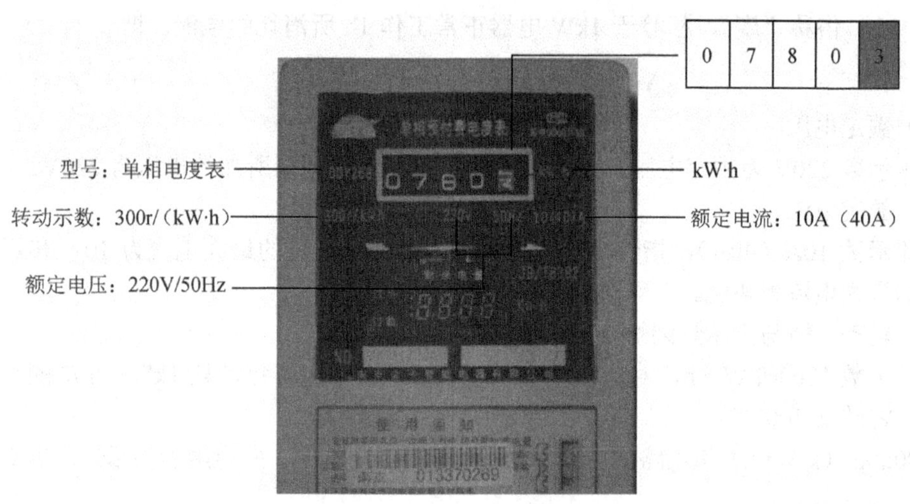

图 4-4-1　机械式电度表表头

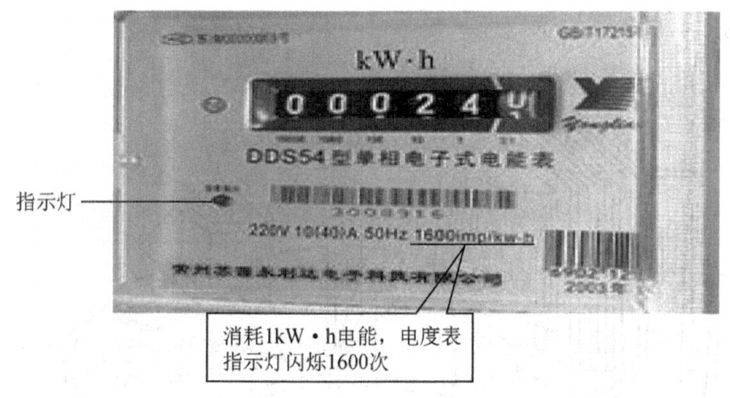

图 4-4-2　电子式电度表表头

1. 电度表的分类

电度表可根据用途、工作原理、结构、接入相数及准确度等级进行分类。

1）按照用途分：有功电度表、无功电度表、最大需量表、标准电度表、复费率分时电度表、预付费电度表（分投币式、磁卡式和电卡式）、损耗电度表、多功能电度表和智能电度表。

2）按工作原理分：感应式（机械式）电度表、静止式（电子式）电度表、机电一体式（混合式）电度表。

3）按结构分：整体式电度表、分体式电度表。

4）按接入相数分：单相电度表、三相三线电度表及三相四线电度表。

2. 常见家用电度表表头数据的物理意义

（1）电功率

电功率的单位是焦耳（J），由于其很小，生活中常用千瓦时（kW·h）作为单位。千瓦

时（kW·h）俗称“度”，相等于 1kW 电器正常工作 1h 所消耗的电能。即

$$1\text{度} = 1\text{kW}\cdot\text{h} = 3.6\times10^6\ \text{J}$$

（2）额定电压

电压示数 220V 为额定电压，指家用电器正常工作时两端所加的电压为 220V。

（3）额定电流

电流示数 10A（40A），指该电度表正常工作时允许通过的最大电流为 10A 和短时间允许通过的最大电流为 40A。

（4）转动示数与指示灯闪烁参数

转动示数 3000r/kW·h，对于机械式电度表，电路中电器每消耗 1kW·h 电能时，此电度表转盘将转动 3000 转。

6400imp/（kW·h）指电路中电器每消耗 1kW·h 电能时，此电度表指示灯闪烁 6400 次。

3. 电度表的结构

机械式电度表主要由电压线圈、电流线圈、铝质圆盘、转轴、上轴承、计度器、制动磁钢等组成，如图 4-4-3 所示。

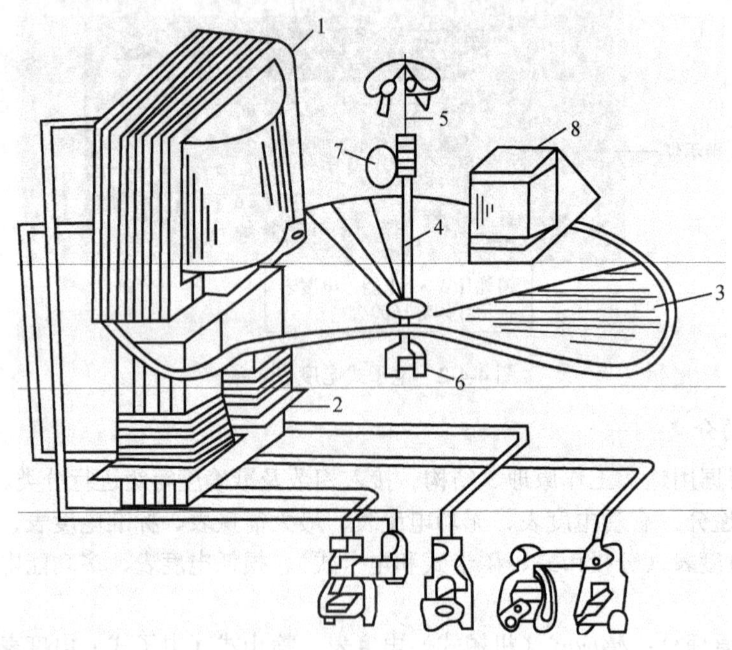

图 4-4-3　机械式电度表内部结构

1—电压线圈　2—电流线圈　3—铝质圆盘　4—转轴　5—上轴承　6—下轴承　7—计度器　8—制动磁钢

4. 电度表的工作原理

机械式电度表是利用电磁感应原理对用电量进行计量。当用户用电时，根据电磁感应原理，电压线圈、电流线圈会产生磁场，产生的两个电磁场在铝质表盘上相互作用，推动铝质圆盘从左向右的正向转动，从而带动齿轮机构并最终带动机械数字码盘实现用电计量。

知识拓展

电度表的读数

电度表的计数器上两次读数之差，就是这段时间内用电的度数。表头计数器从左至右分别代表“千”、“百”、“十”、“个”、“十分位”，依次读数。如图 4-4-4 所示。

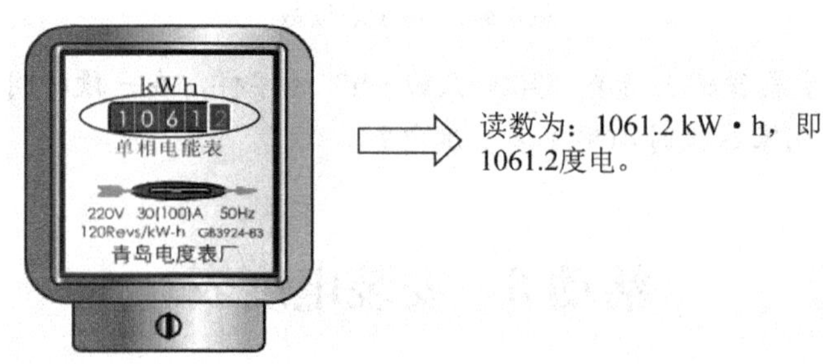

图 4-4-4　电度表读数方法

练一练

1. 简述电度表的分类。
2. 根据教师展示的电度表说出对应的名称。
3. 写出表 4-4-2 中电度表表头的读数。

表 4-4-2　电度表表头读数

2 1 5 5 6		1 0 2 1 9		0 1 8 6 1	
示数		示数		示数	

4. 请计算表 4-4-3 中的电费，电价为 0.45 元/度。

表 4-4-3　根据电度表读数计算电费

上月电量：4 1 1 1 6 当月电量：4 3 5 2 3		上月电量：0 8 9 7 2 当月电量：1 0 2 5 6	
当月用电总量：	当月应交电费：	当月用电总量：	当月应交电费：
上月电量：6 4 5 2 1 当月电量：6 7 0 1 0		上月电量：0 0 8 7 3 当月电量：0 2 4 5 2	
当月用电总量：	当月应交电费：	当月用电总量：	当月应交电费：

5. 刘洋家的电度表在5月底和6月底的示数分别如图4-4-5a、b所示，他家6月份消耗的电能是多少？若电价为0.54元/度，他家6月份电费为多少？

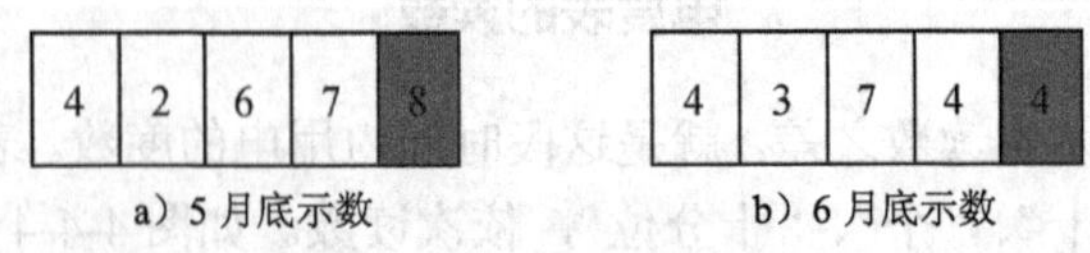

a）5月底示数　　b）6月底示数

图4-4-5　电度表读数

6. 小明家的电度表铭牌上标有“3000r/kW · h”的字样，在一段时间里小明观察到表盘转过了75转，问小明家这段时间用了多少度电？

活动3　安装电度表

1. 电度表的接线

机械式电度表有4个接线孔，分别用于接进线、出线，从左到右依次编号为1、2、3、4。其中，1、3为进线，2、4为出线（接刀开关、熔断器及负载），且1、2为相线，3、4为中性线，如图4-4-6所示。

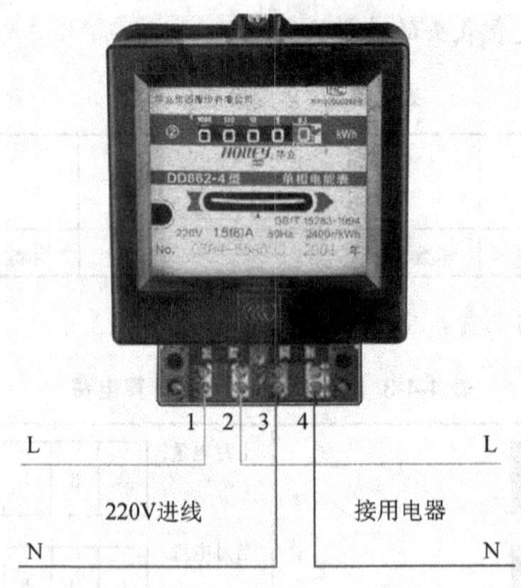

图4-4-6　机械式电度表接线示意图

电子式电度表的接线与机械式电度表的接线方法一致，如图4-4-7所示。

电度表的接线必须严格按照国家标准执行，不允许随意交换进出线的接线位置，否则电器和电度表将不能正常工作，严重时将发生事故。

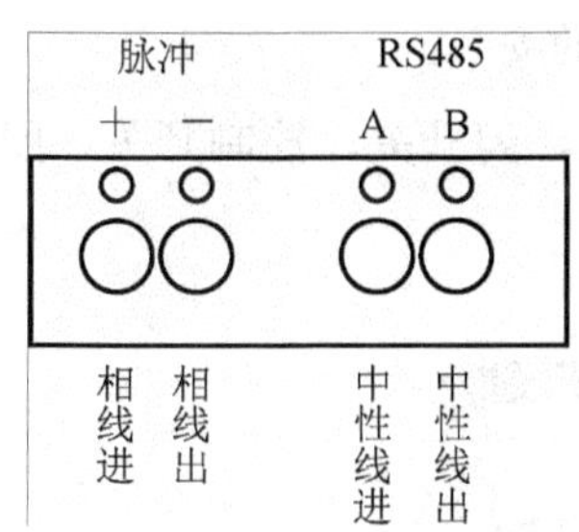

图 4-4-7 电子式电度表接线示意图

2. 电度表安装位置的选择及注意事项

（1）电度表适宜安装的场所

1）宜安装在干燥及不受振动的场所，且便于安装、试验和抄表工作的进行。

2）定型产品的开关柜（箱）内，或装置在电度表箱或配电盘上。

3）按供电方案确定的位置安装。

（2）电度表不适宜安装的场所

1）有易燃、易爆危险的场所。

2）有腐蚀性气体或高温的场所。

3）有磁力影响及多灰尘的场所。

4）潮湿场所。

（3）电度表的安装高度

1）距地面 1.8～2.2m。

2）装于立式盘和成套开关柜时，不应低于 0.7m。

3）除成套开关柜外，电度表上方一般不装经常操作的电气设备。

4）电度表装置在露天、公共场所及人易接触的地方，应加装表箱。

5）电度表表箱处于室外时，应有防雨水侵入的措施。

（4）电度表与表板、盘、箱和其他相邻的电器装置的距离

1）电度表上端距表板、盘的上沿应不小于 50mm。

2）电度表上端距表箱顶端应不小于 80mm。

3）电度表侧面距表板、表箱侧边应不小于 60mm。

4）电度表侧面距相邻的开关或其他电器装置应不小于 60mm。

5）电度表板、盘、箱的暗出线孔距表尾、表板及表箱底边沿的距离应不小于表 4-4-4 所列数值。

表 4-4-4 电度表暗出线孔距表尾、表板及表箱底边沿的距离

导线截面/mm	出线孔距表尾/mm	距表板或表箱底/mm
10 以下	80	50
16～25	100	80

3. 家用单相电度表照明电路的安装

图 4-4-8 所示为由单相电度表、刀开关、控制开关、照明灯构成的基本家用单相电度表照明控制电路。

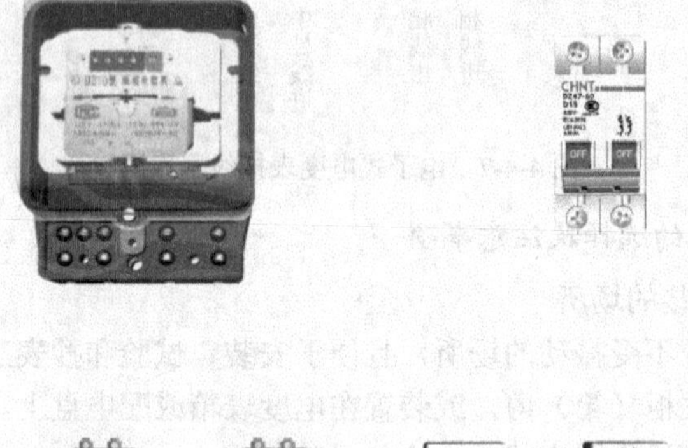

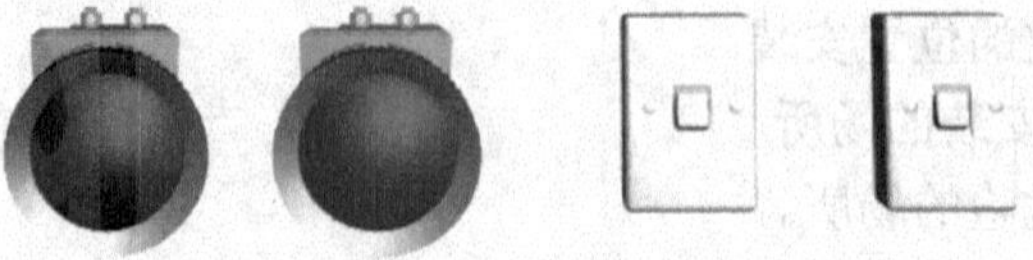

图 4-4-8　家用单相电度表照明控制电路布线图

图 4-4-9 所示为家用单相电度表照明控制电路接线图。

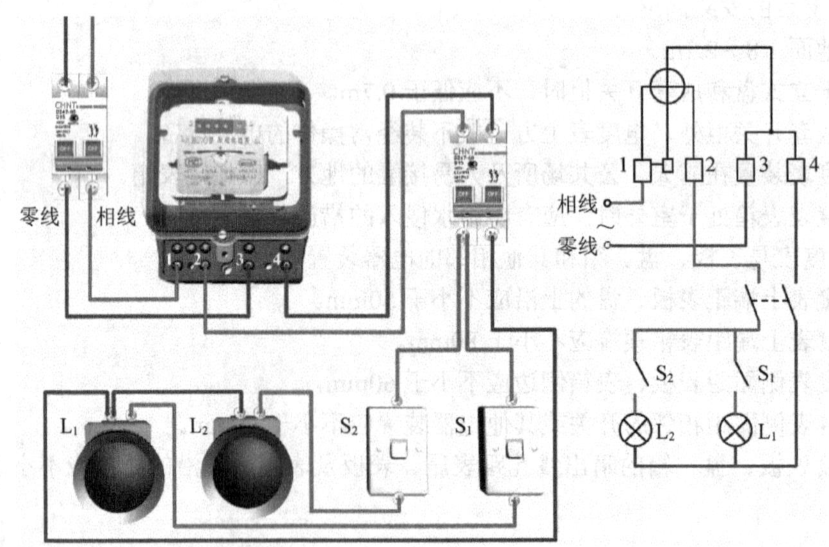

图 4-4-9　家用单相电度表照明控制电路接线图

（1）实训器材

单相电度表 1 块/组，刀开关 2 个/组，控制开关 2 个/组，灯泡 2 个/组，铜心绝缘硬线适量/组，常用工具 1 套/组。

（2）操作步骤

1）按照图 4-4-8 对器件的位置进行合理布局。

2）根据图 4-4-9 所示接线图从电度表进线端依次接线。

3）接线完毕后，仔细检查有无错误。

4）依次合上刀开关、控制开关，此时灯泡应点亮，同时，电度表圆盘开始旋转。对用电量进行计数。

练一练

1. 自行练习机械式电度表、电子式电度表、预付费式电度表（IC 卡式）的安装及接线。

2. 请用电度表、刀开关、熔断器、控制开关、荧光灯、插座及导线组成一个简单的家庭用电系统。

任务评价

任务评价见表 4-4-5。

表 4-4-5 任务评价表

序号	评价指标	配分	评分标准	扣分	得分
1	认识并分辨各类电度表	20 分	认识错误，一次扣 5 分，扣完为止		
2	电度表表头读数	10 分	结果错误，每空扣 3 分，扣完为止		
3	计算电费	30 分	结果错误，每空扣 4 分，扣完为止		
4	组建家庭用电系统	30 分	连接错误，每处扣 3 分，扣完为止		
5	实训态度	10 分	实训态度端正，遵守纪律，服从管理，爱护实训设备，器材，无损坏丢失		
总分					

项目5

识别与检测常用电工元件

项目描述

拆开收音机、电视机，看到电路板上最多的就是电阻器、电容器、电感器等元件，它们是电子设备中常用的元件，也是交变电流中三种基本元件。本项目重点进行电阻器、电位器、电容器、电感器及变压器的识别与检测。

任务1 识别与检测电阻器

知识目标

1）了解电阻器的分类。
2）能识读电阻器的标识。
3）能记住电阻器的符号。

技能目标

1）能认识不同外形的电阻器。
2）能识读电阻器的阻值。

任务导入

电阻器是最常用、最重要的电子元件之一。然而电阻有哪些类别？各有什么特点？我们又该怎样去识别、检测？本任务就来进行电阻器的识别与检测。

活动1 认识电阻器

电阻器种类繁多，常见电阻器见表5-1-1。

表5-1-1 常见电阻器

序号	名称	实物图
1	碳膜电阻器 1	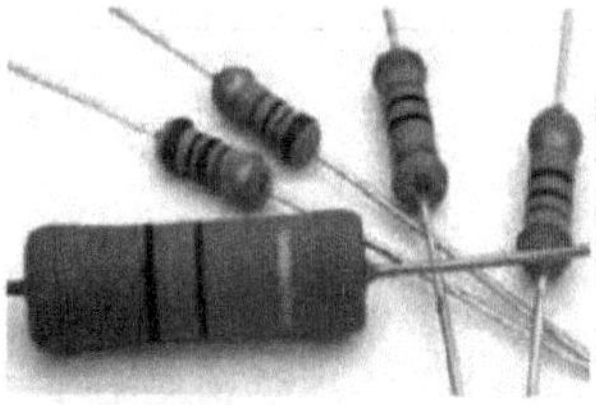
2	碳膜电阻器 2	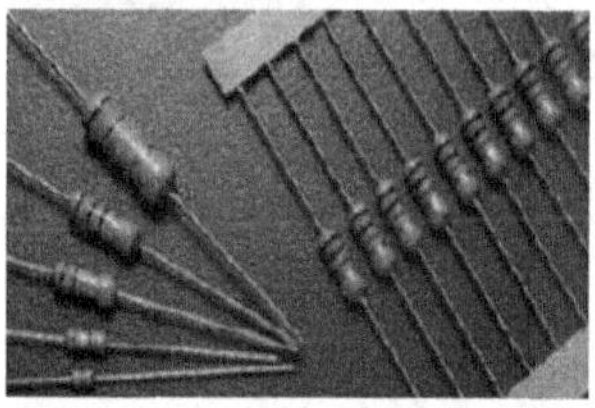

续表

序号	名称	实物图
3	金属膜电阻器	
4	水泥电阻器	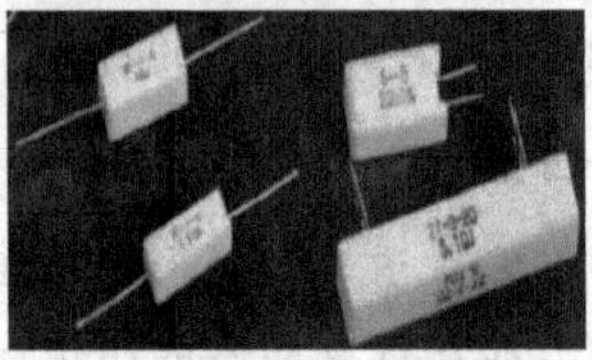
5	线绕电阻器 1	
6	线绕电阻器 2	
7	光敏电阻器	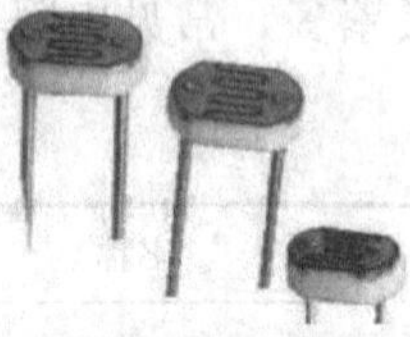
8	热敏电阻器	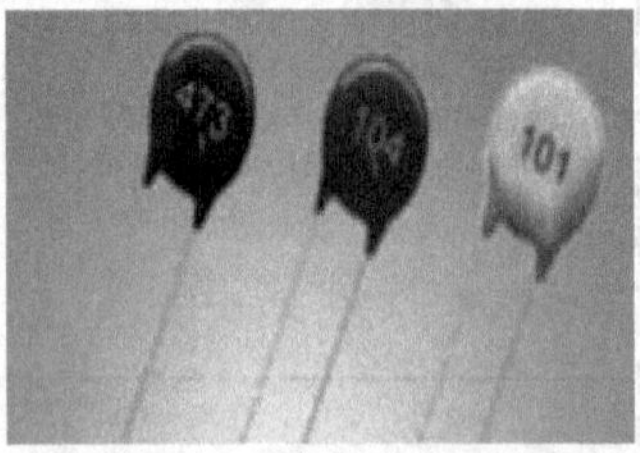
9	排阻器	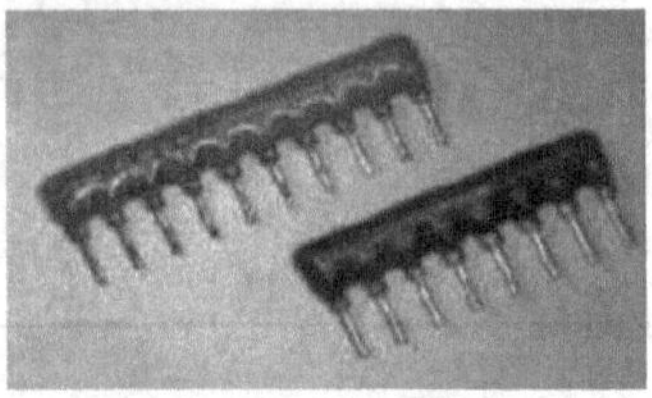

续表

序号	名称	实物图
10	贴片电阻器 1	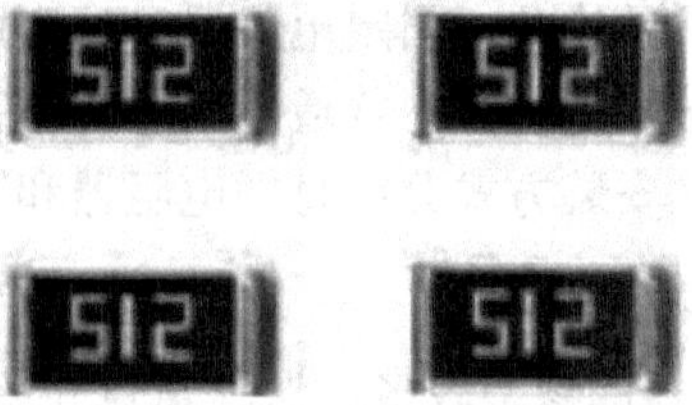
11	贴片电阻器 2	
12	贴片电阻器 3	

1. 电阻器的作用

电阻器在电路中常用来进行电压、电流的控制和传送，起分压、分流、限流和阻抗匹配等作用。

2. 电阻器的电路符号

电阻器用字母 R 表示，其电路符号如图 5-1-1 所示，图 5-1-1（b）所示电路符号较少使用。

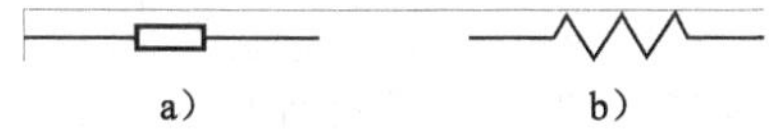

图 5-1-1　电阻器的电路符号

3. 电阻器的单位

电阻器的国际单位为欧姆，简称欧，符号Ω。常用单位还有千欧（kΩ）、兆欧（MΩ）、吉欧（GΩ）、太欧（TΩ）。它们的换算关系为 1 MΩ=10^3 kΩ=10^6Ω。

4. 电阻器的分类

1）按材料分：碳膜电阻器、金属膜电阻器、水泥电阻器和线绕电阻器。

2）按结构分：固定电阻器和可变电阻器（可调电阻器、热敏电阻器及光敏电阻器）。

3）按稳定性分：普通电阻器和精密电阻器。

4）按安装方式分：直插电阻器和贴片电阻器。

5. 电阻器的参数

电阻器的参数较多，这里重点介绍标称阻值和允许误差。

1）标称阻值：即电阻表面标示的电阻器阻值。电阻器的阻值和标称值都不是随意的，表 5-1-2 列出了常用电阻器的阻值。

表 5-1-2 常用电阻器阻值表

5	51	510	5.1kΩ	510kΩ	56kΩ
10	100	1kΩ	10kΩ	100kΩ	1MΩ
200	2.2kΩ	20kΩ	200kΩ	12kΩ	15kΩ
470	4.7kΩ	47kΩ	620	68kΩ	430kΩ
750	7.5kΩ	75kΩ	820	8.2kΩ	82kΩ

2）允许误差：对于工厂所生产的电阻器，它的实际阻值不可能与标称阻值完全相同，它们之间不可避免地存在不同程度的误差。在使用中，规定了三种误差表示方法，分别是百分比表示法、色标表示法和英文符号表示法。三种误差表示法见表 5-1-3。

表 5-1-3 电阻器常用误差表示法

百分比表示	色标表示	英文符号
±1%	棕	F
±2%	红	G
±5%	金	J
±10%	银	K
±20%	无色	M

练一练

1. 请根据教师说出的各种电阻器名称，找出对应的电阻器。
2. 请根据教师提供、展示的电阻器，说出电阻器的名称。

活动 2　识读电阻器

1. 识读电阻器阻值

可以根据电阻器的不同标注方式对其进行识读，电阻器阻值标注方式有直标法、文字符号法、数码法和色环法四种标注方法。

（1）直标法识读电阻器阻值

用直标法识读电阻器阻值的实例，如图 5-1-2 所示。电阻器表面标出了阻值、功率和误差，阻值 100Ω，功率 5W，误差±5%。

图 5-1-2　直标法

（2）文字符号法识读电阻器阻值

文字符号法读电阻器阻值的实例，如图 5-1-3 所示。

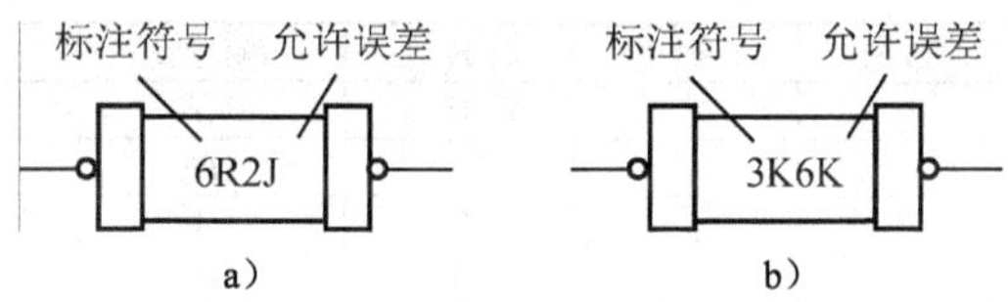

图 5-1-3　文字符号法

图 5-1-2a 的电阻值为 6.2Ω，允许误差为±5%；图 5-1-2b 的电阻值为 3.6kΩ，允许误差±10%。

文字符号法中标志符号的意义见表 5-1-4。

表 5-1-4　文字符号法中标志符号的意义

标志符号	R	K	M	G	T
单位及进位	欧	千欧	兆欧	千兆欧（吉欧）	兆兆欧（太欧）

使用标注法时，阻值的整数部分和小数部分分别标在单位符号的前面和后面。

（3）数码法识读电阻器阻值

图 5-1-4 所示电阻器是采用数码法标注的阻值，其阻值为：$47\times10^3\Omega=47k\Omega$。

使用该标注法时，用三位数字表示阻值，前两位为有效数字，第三位为倍乘数。

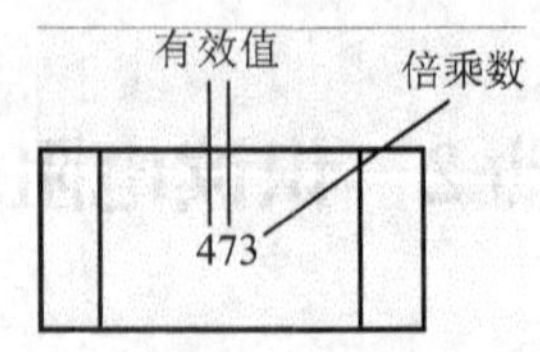

图 5-1-4　数码法

（4）色环法识读电阻器阻值

正确识别电阻器首环，是色环法识读电阻器阻值的重要内容，具体方法如下：

1）离端部近的为首环。

2）端头任一环与其他较远的一环为最后一环，即误差环。

3）金银在端头的为最后一环(误差)。

4）对于只有三个色环的电阻，如果黑色环在端头，则黑色环为倍乘数，误差环为无色。

5）紫、灰、白环一般不会是倍率环，即不大可能为倒数第二环。

电阻色环的含义及色标符号的意义如图 5-1-5 所示。

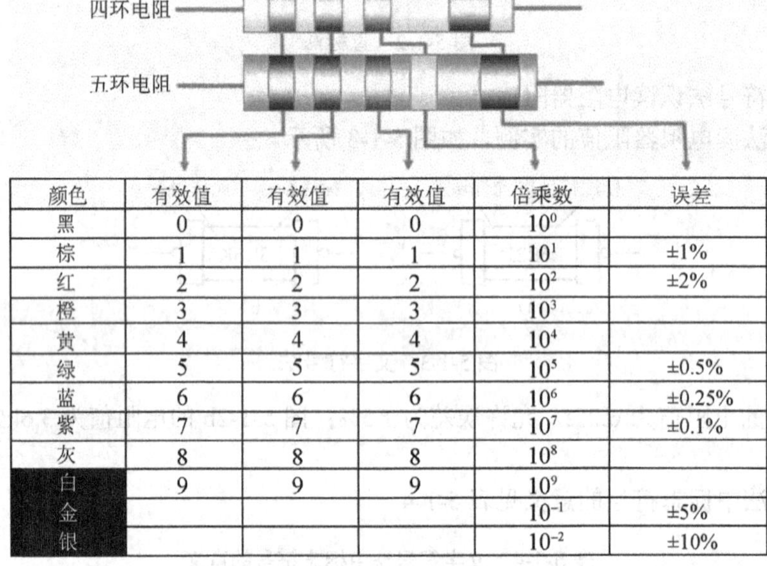

颜色	有效值	有效值	有效值	倍乘数	误差
黑	0	0	0	10^0	
棕	1	1	1	10^1	±1%
红	2	2	2	10^2	±2%
橙	3	3	3	10^3	
黄	4	4	4	10^4	
绿	5	5	5	10^5	±0.5%
蓝	6	6	6	10^6	±0.25%
紫	7	7	7	10^7	±0.1%
灰	8	8	8	10^8	
白	9	9	9	10^9	
金				10^{-1}	±5%
银				10^{-2}	±10%

图 5-1-5　色环含义及色标符号意义

色环标注法通常有两种形式，即四色环和五色环。

四色环：第一、二位表示有效值，第三位表示倍乘数，第四位表示误差。

五色环：第一、二、三位表示有效值，第四位表示倍乘数，第五位表示误差。

2. 识读电阻器的功率

电阻器的功率是指在环境温度下电阻器长期稳定工作所能承受的最大功率。

常见电阻器的实物及其功率见表 5-1-5。

表 5-1-5 常用电阻器实物及其功率

功率/W	实物图	功率/W	实物图
1/16	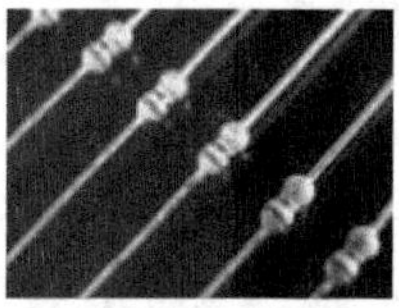	1/8	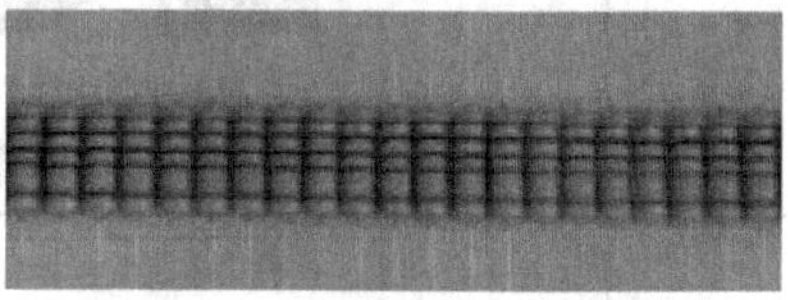
1/4	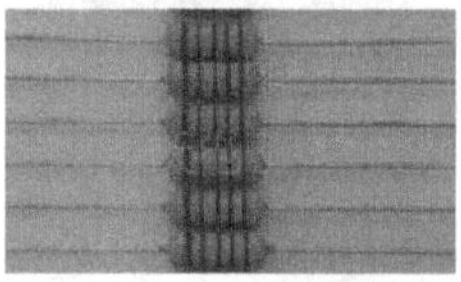	1/2	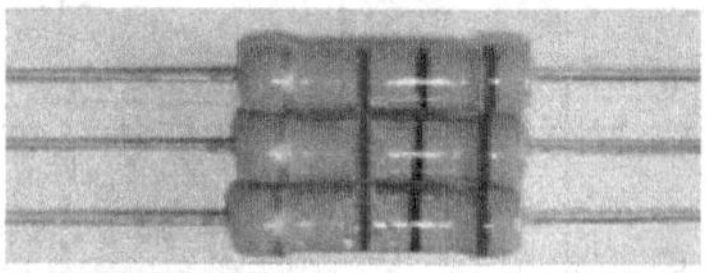
1		5	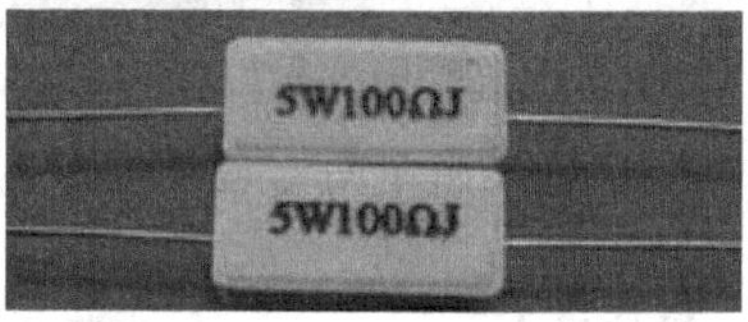 5W100ΩJ 5W100ΩJ
10	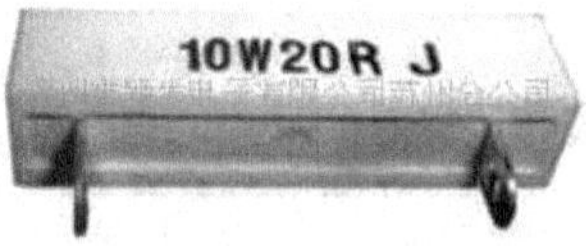 10W20R J	/	/

练一练

1. 写出表 5-1-6 中各电阻器的阻值。

表 5-1-6 电阻器读数表

序号	实物图	阻值
1	 102 102 102	
2	 103 103 103	
3	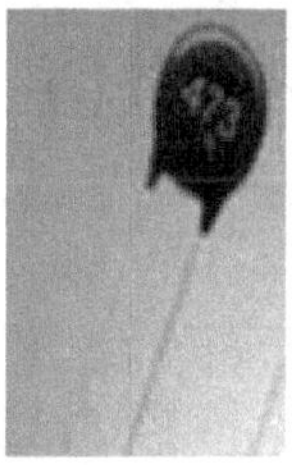 473	

续表

序号	实物图	阻值
4	512 512 512 512	
5	5k1J	
6	10W20R J	

2. 快速读出下面四色环电阻器的阻值和误差。
棕黑红金__________，红红黑红棕__________，
绿棕黑金__________，黄紫橙黄棕__________，

3. 根据表 5-1-7 给出的电阻值写出色环。

表 5-1-7 根据电阻值反推色环表

阻值	颜色环	阻值	颜色环
100±5%		15 kΩ±5%	
47 kΩ±1%		480 kΩ±2%	

4. 根据给定的电阻器实物读阻值，并完成表 5-1-8。

表 5-1-8 根据给定电阻器读阻值表

电阻	标注值	阻值	功率
水泥电阻器			
贴片电阻器 1			
贴片电阻器 2			

活动 3 测量电阻器的阻值

用万用表测量电阻器的方法见表 5-1-9。

表 5-1-9 用万用表测电阻器阻值

步骤	指针式万用表	数字式万用表
第一步 选挡	将万用表拨到欧姆挡适当量程 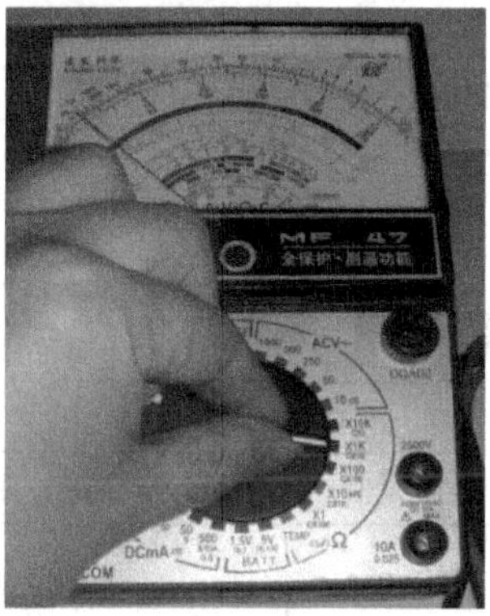	调到电阻挡适当量程 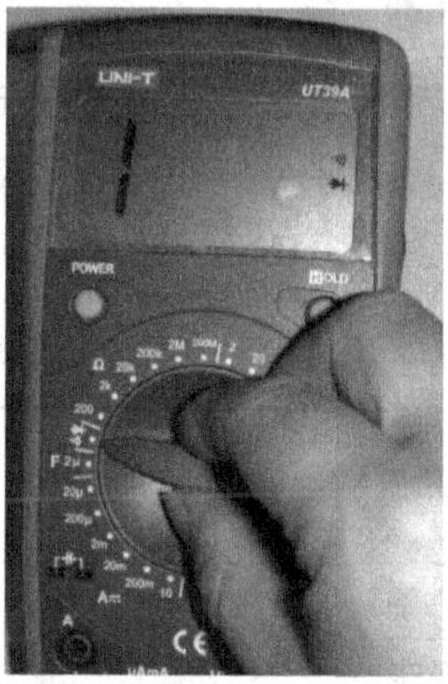
第二步 调零	将两表笔短接，调节欧姆调零旋钮，使指针指到零的位置 	将两表笔短接时，显示值趋于 0，同时能听到二极管发出声响 
第三步 测量	表笔不分红、黑，分别接电阻器的两引脚，将指针指示阻值记录下来，乘以挡位倍率，则为电阻值 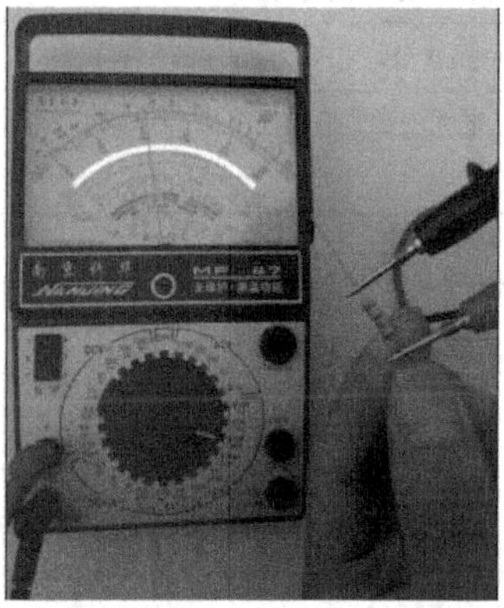	表笔不分红、黑，接电阻的两端，将显示值记录下来，得出的数字为电阻值 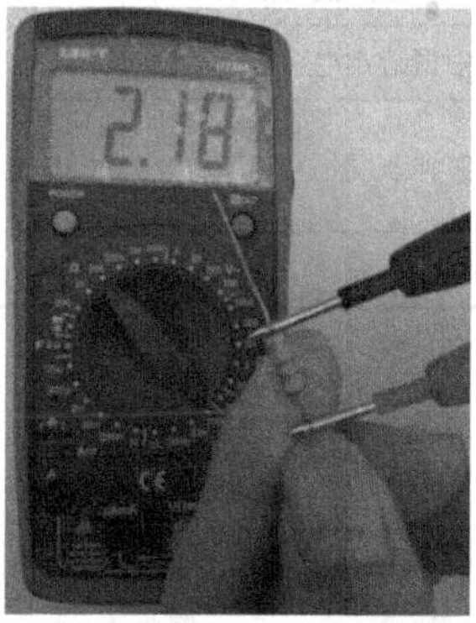

【温馨提示】 测量完毕后，将万用表拨到交流电压最高挡或OFF挡。

练一练

1. 请用指针式万用表测自己双手之间的电阻值。
2. 请用数字式万用表测自己双手之间的电阻值。
3. 测量给定四色环、五色环电阻器各3个，并完成表5-1-10。

表5-1-10　色环电阻器读数及检测表

电阻器	颜色环	阻值	误差	指针式万用表		数字式万用表	
				测量值	挡位	测量值	挡位
四色环1							
四色环2							
四色环3							
五色环1							
五色环2							
五色环3							

任务评价

任务评价见表5-1-11。

表5-1-11　任务评价表

序号	评价指标	配分	评分标准	扣分	得分
1	万用表的操作规范	10分	操作不规范，一次扣2分		
2	色环电阻读数及检测	50分	结果错误，一次扣2分，扣完为止		
3	根据电阻值反推色环	10分	结果错误，每空扣2分，扣完为止		
4	根据给定电阻器读阻值	20分	结果错误，每空扣2分，扣完为止		
5	实训态度	10分	实训态度端正，遵守纪律，服从管理，爱护实训设备，器材，无损坏丢失		
总分					

*任务 2 识别与检测电位器

知识目标

1）了解电位器的分类。
2）能识记电位器的标识。
3）能记住电位器的符号。

技能目标

1）认识不同外形的电位器。
2）会识读电位器的阻值。

任务导入

电位器也属于电阻器，它除了具有常见电阻器的功能外，还具有开关等其他功能。本任务就来进行电位器的识别与检测。

活动 1 认识电位器

常见的电位器见表 5-2-1。

表 5-2-1 常见电位器

序号	名称	实物图
1	可固定电位器	
2	带开关电位器	

续表

序号	名称	实物图
3	立式电位器	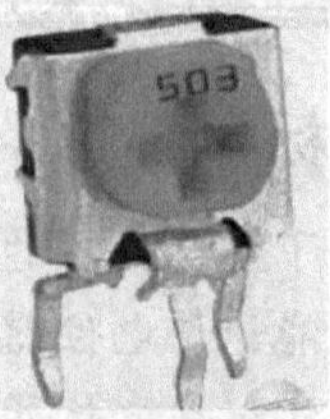
4	立式精密电位器	
5	卧式电位器	
6	卧式精密电位器	
7	收音机用电位器	
8	功放用电位器	
9	防尘式电位器	

1. 电位器的作用

电位器实际就是一个可调（可变）电阻器，即调动钮子，可以改变阻值的大小。电位器可实现调电压、调电流等功能。实际中，常应用于需要调光、调速、调亮度、调温度及调音量等工控产品上。

2. 电位器的符号

电位器的国标符号和常见电路符号见表 5-2-2。

表 5-2-2　电位器国标符号和常见电路符号

名称	国标符号	电路符号	名称	国标符号	电路符号
带滑动触点的电位器	RP		预调电位器	RP	
开关电位器	RP		可调电位器	RP	

3. 电位器的分类

电位器主要分为碳膜电位器、金属膜电位器和线绕电位器。

练一练

1. 请根据老师说出的电位器名称找出对应的电位器。
2. 请根据老师提供展示的电位器说出电位器的名称。

活动 2　了解电位器阻值的标注方法

1. 直标法

在电位器表面直接标出电阻值大小就是直标法。图 5-2-1 所示电位器就采用了直标法，其阻值为 470Ω，功率为 2W。

2. 数码法

数码法就是用三位数字表示阻值，前两位为有效数字，第三位为倍乘数。图 5-2-2 所示电位器就采用了数码法标注，其阻值为 $50\times10^3\Omega$。

图 5-2-1　用直标法标注的电位器

图 5-2-2　用数码法标注的电位器

练一练

请同学们根据提供的电位器实物完成表 5-2-3。

表 5-2-3　电位器识图表

名称	外形图	名称	阻值标注方法	阻值
电位器 1				
电位器 2				
电位器 3				
电位器 4				
电位器 5				
电位器 6				

活动 3　测量电位器

电位器的测量方法见表 5-2-4。

表 5-2-4　电位器的测量方法

测量内容	指针表	数字表	描述
测电位器标称值		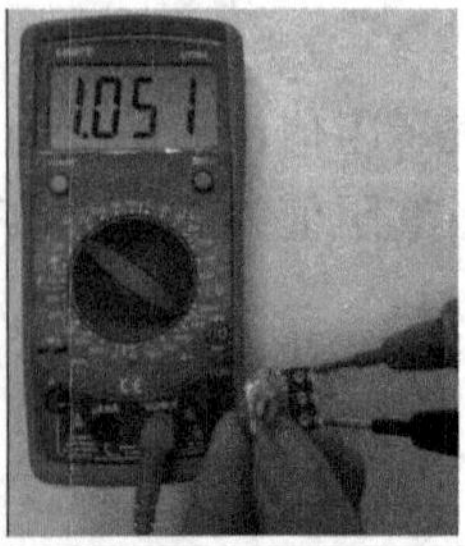	将万用表置于欧姆挡适当位置，两表笔接电位器两根定片引脚，这时测量的阻值应等于或接近于电位器标称值，否则说明电位器已损坏

续表

测量内容	指针表	数字表	描述
测电位器变化值			将万用表置于欧姆挡适当位置，一支表笔接定片，另一支表笔接动片，在测量状态下转动电位器动片，万用表表针应偏转，阻值从零增大到标称值，或从标称值减到零

练一练

1. 请根据演示用指针式万用表测量电位器的标称值和变化值。
2. 请根据演示用数字式万用表测量电位器的标称值和变化值。
3. 根据给定电位器，完成表 5-2-5。

表 5-2-5　电位器的识别与检测

电位器类型	阻值标注方法	标注内容	读取阻值	指针表测值				数字表测值			
				测固定值	测值范围	挡位	是否连续调	测固定值	测值范围	挡位	是否连续调

任 务 评 价

任务评价见表 5-2-6。

表 5-2-6　任务评价表

序号	评价指标	配分	评分标准	扣分	得分
1	实训态度	10 分	实训态度端正，遵守纪律，服从管理，爱护实训设备，器材，无损坏丢失		
2	万用表的操作规范	10 分	操作不规范，一次扣 2 分		
3	电位器识读与检测	80 分	结果错误，每空扣 2 分，扣完为止		
总分					

任务3　识别与检测电容器

知识目标

1）了解电容器的分类。
2）能识记电容器的标识方法。
3）能记住电容器的符号。

技能目标

1）认识不同外形的电容器。
2）会识读电容器的值。

任务导入

电容器具有充、放电等功能，是电工电子中常见的元器件。本任务主要进行电容器的识别与检测。

活动1　认识电容器

电容器种类繁多，下面通过表5-3-1来认识常见电容器。

表5-3-1　常见电容器

序号	名称	实物图
1	纸介电容器1	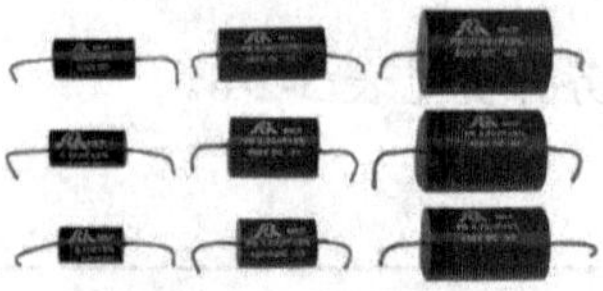
2	纸介电容器2	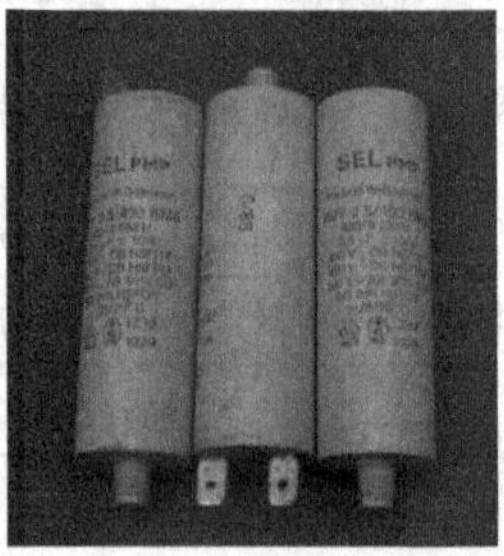

续表

序号	名称	实物图
3	瓷片电容器	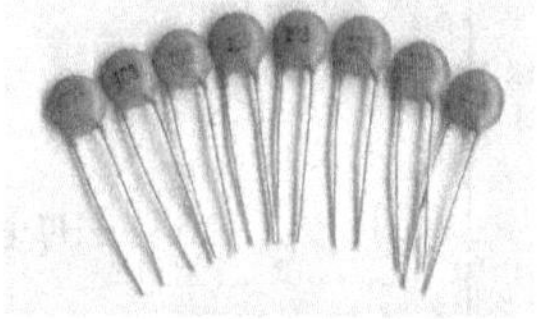
4	电解电容器 1（铝）	
5	电解电容器 2（钽）	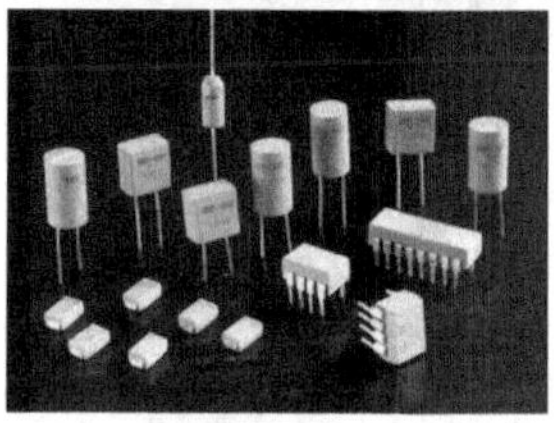
6	独石电容器	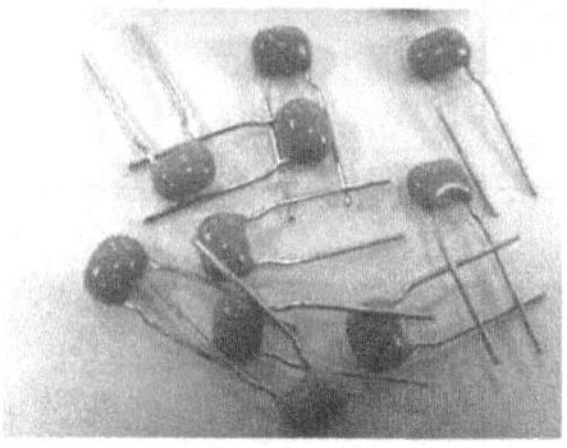
7	涤纶电容器	
8	云母电容器 1	

续表

序号	名称	实物图
9	云母电容器 2	
10	薄膜电容器	
11	玻璃铀电容器	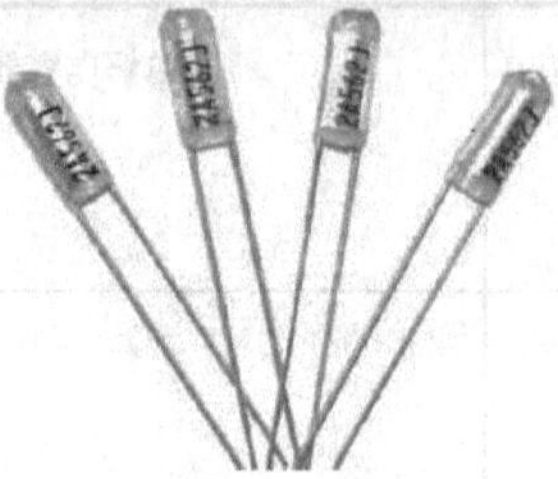
12	贴片电容器	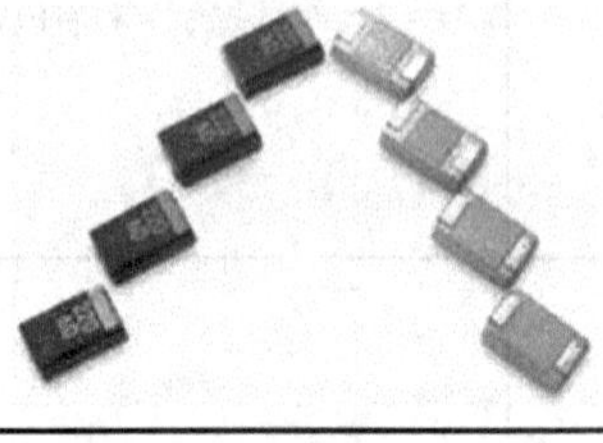

知识探究

1. 电容器的作用

电容器在电路中常用来实现滤波、耦合、隔直通交、旁路（去耦）、补偿功率因数、温度补偿、计时、调谐、整流及储能等作用。

2. 电容器的电路符号

电容器的电路符号如图 5-3-1 所示。

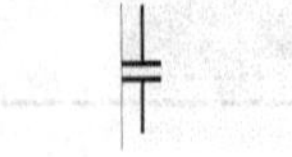

a）无极性电容器

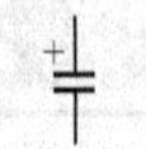

b）极性电容器

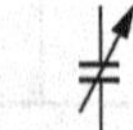

c）可调电容器

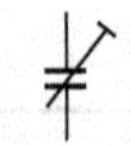

d）预调电容器

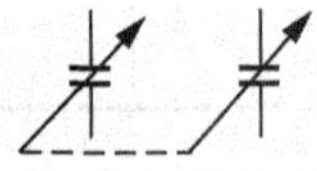

e）双联可调电容器

图 5-3-1　电容器的电路符号

3. 电容的单位

电容的国际单位为法拉，简称法，符号 F。常用单位还有毫法（mF）、微法（μF）、纳法（nF）和皮法（pF）。它们的换算关系为 $1F=10^3mF= 10^6\mu F = 10^9nF = 10^{12}pF$。

4. 电容器的分类

1）按材料分：纸介电容器、瓷片电容器、电解电容器、独石电容器、涤纶电容器、云母电容器、薄膜电容器和玻璃铀电容器等。

2）按极性分：有极性电容器和无极性电容器。

3）按结构分：固定电容器、可变电容器（容量可以改变）和微调电容器。

4）按电解质分：有机介质电容器、无机介质电容器、电解电容器和空气介质电容器。

5）按用途分：高频旁路电容器、低频旁路电容器、滤波电容器、调谐电容器、高频耦合电容器、低频耦合电容器和小型电容器。

6）按安装方式分：直插电容器和贴片电容器。

5. 电容器的参数

1）容量与误差：电容器的容量是指电容器能储存电荷多少的能力。容量误差是指实际电容量和标称电容量允许的最大偏差范围，见表 5-3-2。

表 5-3-2 电容器容量误差

符号	F	G	J	K	L	M
允许误差	±1%	±2%	±5%	±10%	±15%	±20%

2）额定工作电压：电容器在电路中能够长期稳定、可靠工作，所承受的最大直流电压就是该电容器的额定工作电压，又称为耐压值。

3）温度系数：在一定温度范围内，温度每变化 1℃，电容量的相对变化值，即温度系数，温度系数越小越好。

4）绝缘电阻：用来表明漏电大小。相对而言，绝缘电阻越大越好，绝缘电阻大漏电小。

5）损耗：在电场的作用下，电容器在单位时间内发热而消耗的能量称为损耗。

6）频率特性：电容器的电参数随电场频率变化而变化的性质称为频率特性。在高频条件下工作的电容器，由于介电常数在高频时比低频时小，电容量也相应减小。

练一练

1. 请根据教师说出的电容器名称，找出对应的电容器。
2. 认识给定的电容器，并将对应名称填入表 5-3-3。

表 5-3-3　识别电容器

序号	实物图	名称
1		
2		
3		
4		
5		
6		

活动 2　识读电容器

1. 识读电容器容量

电容器的容量标注方法有直标法、文字符号法、数标法、数字表示法和色标法。识读电容器容量时，根据电容器不同的标注方式采用不同的方法。

（1）直标法识读电容器容量

用直标法识读电容器容量的实例如图 5-3-2 所示。

（2）用文字符号法识读电容器容量

用文字符号法识读电容器容量的实例如图 5-3-3 所示。

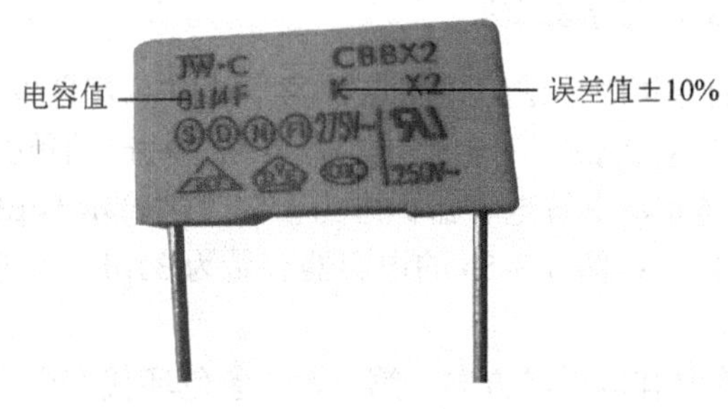

图 5-3-2　直标法

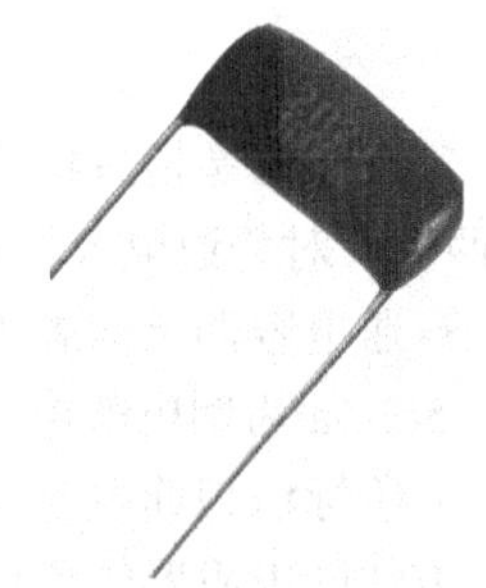

图 5-3-3　文字符号法

文字符号法是用 2～4 位数字和一个字母表示标称容量，其中数字表示有效数值，字母表示数值的量级，字母通常用 m、u、n、p。字母 m 表示毫法（mF）、u 表示微法（μF）、n 表示纳法（nF）、p 表示皮法（pF），如 33m 表示 33mF，47n 表示 47nF。字母有时也表示小数点，如 5n9 表示 5.9nF，3u3 表示 3.3μF，2p2 表示 2.2pF。

图 5-3-3 的电容器容量为 2.2nF，误差为±5%（J）。

（3）数标法识读电容器容量

用数标法识读电容器容量的实例如图 5-3-4 所示。

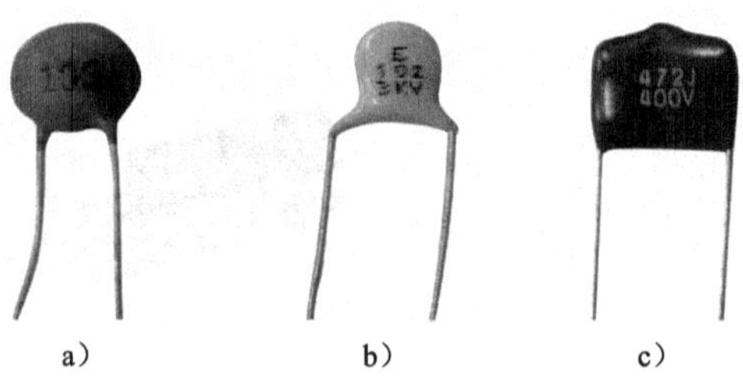

a)　　b)　　c)

图 5-3-4　数标法

数标法一般用三位数字表示电容容量的大小，其单位为 pF。其中第一位、第二位为有效数字，第三位为倍率。

特例：第三位为“9”时，表示有效数字×0.1，如“239”表示 2.3pF。

图 5-3-4a 的电容器容量为 10×10^3pF=10000pF=10nF；图 5-3-4b 的电容器容量为 10×10^2pF=1000 pF =1nF，耐压 3kV；图 5-3-4c 的电容器容量为 47×10^2pF=4700pF=4.7nF，耐压 400V，误差±5%（J）。

（4）数字表示法识读电容器容量

用数字表示法识读电容器容量的实例如图 5-3-5 所示。

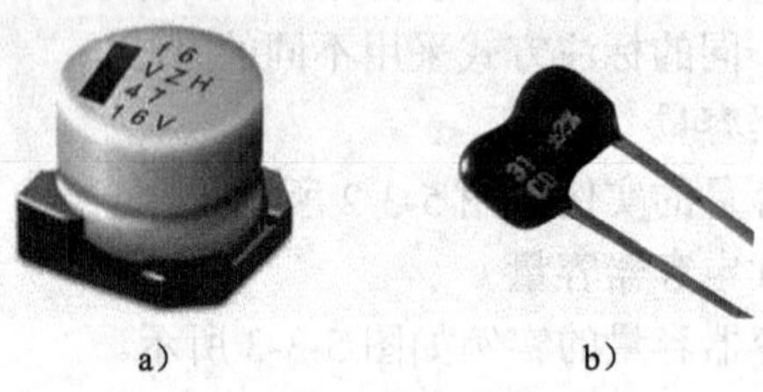

a）　　b）

图 5-3-5　数字表示法

数字表示法是指只标数字不标单位的直接表示法。采用这种表示法时，容量单位有 pF 和μF 两种。对普通电容器省略不标出的单位是 pF，对电解电容器省略不标出的单位是μF。

如普通电容器上标志为“54”表示 54pF，电解电容器标志为“54”则表示 54μF。

图 5-3-5a 为铝电解电容器，容量为 47μF；图 5-3-5b 的电容器容量为 31pF，误差±2%。

（5）色标法识读电容器容量

该方法同电阻器的色环表示法，沿着电容器引线方向，第一、二条色环代表电容量的有效数字，第三条色环表示倍率，第四条色环表示误差，其单位为 pF。

2. 识读电容器引脚的极性

（1）引脚判别法

根据电容器两个引脚的长短可判断引脚的极性，长脚为正极，短脚为负极，如图 5-3-6 所示。

（2）外观标注法

通过电容器的外观也可判别其引脚的极性。具体方法为：有标识端靠近的一端引脚为负极，如 5-3-7 所示。

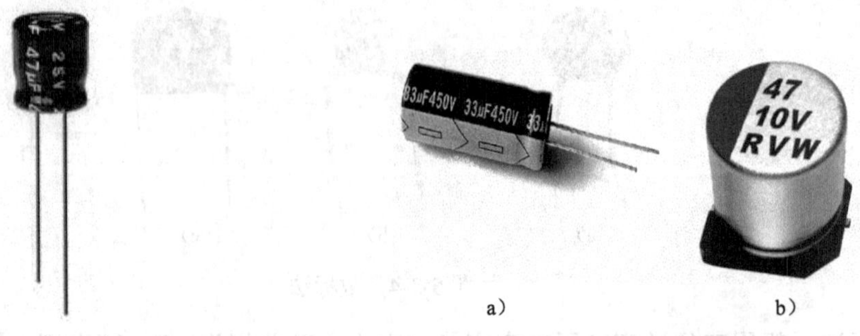

a）　　b）

图 5-3-6　引脚判别法

图 5-3-7　外观标注法

练一练

1. 写出表 5-3-4 中各电容器容量。

表 5-3-4 电容器读数

序号	实物图	容值与误差
1	450V 120μF(M)	容值：
2	大叶 DaYe 1.2μF±5% 450 VAC 50/60Hz 40/70/21 SH Po 南通大叶电子有限公司	容值：　　误差：
3	105	容值：
4	221. 6KV	容值：
5	2A104J	容值：
6	MKP82 472J 2000V	容值：　　误差：

2. 快速读出下面四个色环电容的容值和误差。

灰蓝棕金__________，棕红黄银__________，

橙灰绿棕__________，白黑黄红__________。

3. 快速读出下面四个电容的容值。

4n5__________，　37p__________，

6m2__________，　R93__________，

电解电容标志为 5700__________，

普通电容标志为 33__________。

活动 3　检测电容器

1. 电容器的常见故障

电容器的常见故障主要有开路失效、短路击穿和漏电。

2. 用指针式万用表检测电容器质量

（1）电容器放电

将电容器两引脚短接，对其进行放电。

（2）操作过程

将指针式万用表调到 R×1k 挡或 R×10k 挡，万用表表笔分别接到电容器的两引脚上（若是电解电容器，黑表笔接电容器的正极，红表笔接电容器的负极），表针将向右偏转一个角度，然后表针缓慢地向左回转，最后表针停下。表针停下来所指示的阻值即为该电容器的漏电电阻，此阻值越大越好，最好接近无穷大。

（3）观察现象

如果漏电电阻为零，说明电容器短路击穿；如果万用表指针不能恢复到无穷大处，说明电容器漏电；如果万用表指针没有反应，说明电容器开路失效。

【温馨提示】 当电容器容量较小时，使用指针式万用表的 R×10k 挡；当电容器容量较大时，使用指针式万用表的 R×1k 挡。

3. 用指针式万用表判断电解电容器的极性

将指针式万用表调到 R×1k 挡，万用表表笔分别接到电容器的两引脚上，然后对换两表笔，以漏电大（电阻值小）的一次为准，黑表笔所接一脚为负极，红表笔所接一脚为正极。

练一练

1. 测量电容器的漏电电阻，并判断电容的好坏，完成表 5-3-5。

表 5-3-5 电容器的检测

电容器	万用表选挡	漏电阻值	电容故障
电容器 1			
电容器 2			
电容器 3			

2. 请判断所给电解电容器的正负极。

任务评价

任务评价见表 5-3-6。

表 5-3-6 任务评价表

序号	评价指标	配分	评分标准	扣分	得分
1	实训态度	10 分	实训态度端正，遵守纪律，服从管理，爱护实训设备，器材，无损坏丢失		
2	万用表的操作规范	10 分	操作不规范，一次扣 2 分		
3	电容器的识读	40 分	结果错误，一次扣 2 分，扣完为止		
4	电容器的读数	20 分	结果错误，每空扣 2 分，扣完为止		
5	电容器的检测	20 分	结果错误，每空扣 2 分，扣完为止		
总分					

任务 4 识别与检测电感器

知识目标

1）了解电感器的分类。

2）能识记电感器的标识方法。

3）能记住电感器的作用、符号及单位。

技能目标

1）认识不同外形的电感器。

2）会识读电感器的电感量。

3）能使用万用表判别电感器的质量。

任务导入

具有电磁感应作用的电子器件称为电感器，简称电感。它是一种由绝缘导线绕制而成的线圈，故又称为电感线圈。电感器广泛应用于各种电子电路中，是电子电路中的基本电器元件之一，在交流电路中常用来阻流、滤波、耦合及选频等。了解电感器的外形、标识方法，掌握其质量检测的方法是非常必要的。本任务就来进行电感器的识别与检测。

活动 1　认识电感器

电感器种类繁多，下面通过表 5-4-1 认识常见电感器。

表 5-4-1　常见电感器

序号	名称	实物图
1	空心电感器	
2	工字电感器 1	
3	工字电感器 2	
4	工字电感器 3	

续表

序号	名称	实物图
5	色环电感器	
6	磁环电感器	
7	贴片电感器 1	
8	贴片电感器 2	
9	贴片电感器 3	
10	可调电感器 1	
11	可调电感器 2	

续表

序号	名称	实物图
12	可调电感器 3	
13	棒形电感器	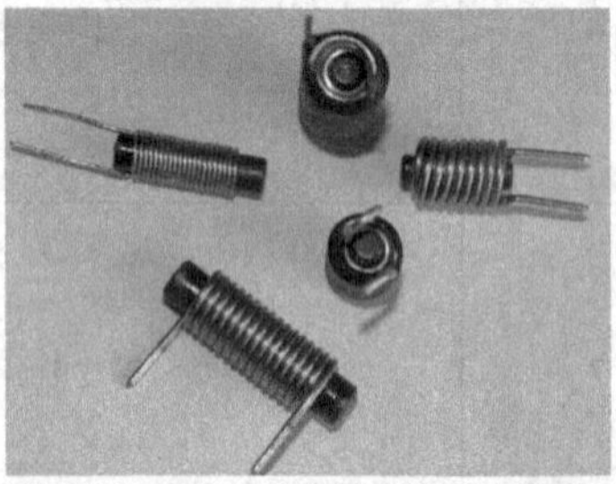
14	色码电感器	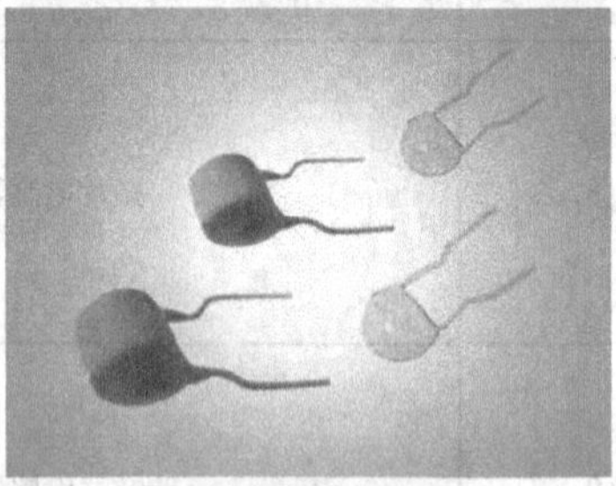
15	滤波电感器	

知识探究

1. 电感器的分类

1）按形式分：固定电感器、可变电感器和微调电感器。

2）按结构分：单层电感线圈、多层电感线圈和蜂房式电感线圈。

3）按安装方式分：直插电感器和贴片电感器。

4）按磁体的性质分：空心电感线圈、磁心电感线圈和铁心电感线圈。

5）按工作频率分：低频电感器、中频电感器和高频电感器。

6）按工作性质分：天线电感线圈、振荡电感线圈、扼流电感线圈、陷波电感线圈和偏转电感线圈。

2. 电感器的电路符号

电感器的电路符号见表 5-4-2。

表 5-4-2 电感器的电路符号

名称	电路符号	名称	电路符号	名称	电路符号
电感器		带磁心电感器		带磁心连续可调电感器	

注：电感器在电路中的标号一般以 L 开头，如 L_1、L_2。

3. 电感的单位

电感的国际单位为亨利，简称亨，符号 H。常见单位还有毫亨（mH）和微亨（μH）。它们的换算关系为

$$1\text{H} = 10^3\text{mH} = 10^6\mu\text{H}$$

4. 电感器的主要参数

电感器的主要参数有电感量、误差、品质因数、分布电容和额定电流等。详见表 5-4-3。

表 5-4-3 电感器的主要参数

参数	说明
电感量	电感量也称为自感系数，它反映了电感线圈存储磁场能的能力，也反映电感器通过变化电流产生感应电动势的能力
误差	误差是指电感器上标称电感量与实际电感量的差距。对于精度要求较高的电路，允许误差范围为±0.2%～±0.5%；一般的电路允许误差范围为±10%～±15%
品质因数	品质因数也称为 Q 值或优值，是衡量电感器质量的主要参数。它是指电感器在某一频率的交流电压下所呈现的感抗与直流电阻之比
分布电容	分布电容又称为固有电容，是指线圈的匝与匝之间、线圈与磁心之间存在的电容。它是导致品质因数下降的主要原因，电感器的分布电容越小，其稳定性越好
额定电流	额定电流是指电感器在正常工作时所允许通过的最大电流值。若工作电流超过额定电流，电感器就会因发热而使性能参数发生改变，甚至还会因过电流而烧毁

5. 电感器型号的命名方法

电感器型号的命名由三部分组成。

第一部分：用字母表示主称为电感器。

第二部分：用字母与数字混合或数字来表示电感量。

第三部分：用字母表示误差范围。

电感器的型号命名及含义见表 5-4-4。

表 5-4-4　电感器的型号命名及含义

第一部分：主称		第二部分：电感量			第三部分：误差范围	
字母	含义	数字与字母	数字	含义	字母	含义
L 或 PL	电感器	2R2	2.2	2.2μH	J	±5%
		100	10	10μH	K	±10%
		101	100	100μH		
		102	1000	1mH	M	±20%
		103	10000	10mH		

6. 电感器的作用

电感器的作用主要是对交流信号进行隔离、滤波或与电容器、电阻器等组成谐振电路。电感器和电容器一样，也是一种储能元件，它能把电能转变为磁场能，并在磁场中储存能量。

练一练

1. 请根据教师说出的电感器名称，找出对应的电感器实物。
2. 请根据教师提供、展示的电感器，说出电感器的名称。

活动 2　识读电感器

电感器的标注方法有直标法、文字符号法、数码法和色环法。识读电感器的电感量时，可以根据电感量标注方式的不同分别采用不同的方法。

1. 直标法识读电感器

直标法是将电感器的标称电感量（标称值）用数字直接标注在电感器的外壳上。其中标称电感量的单位是微亨（μH）。

用直标法读电感量的实例如图 5-4-1 所示。

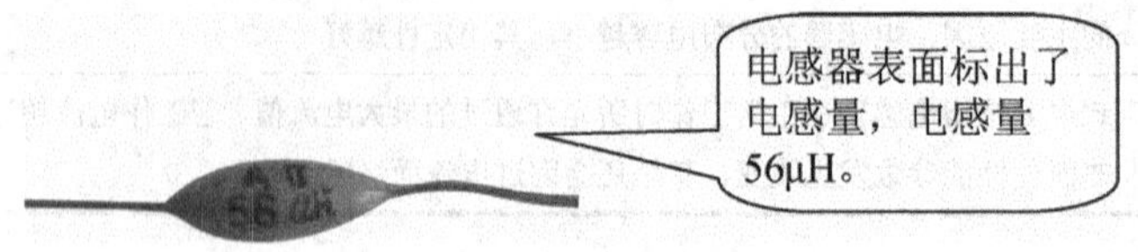

图 5-4-1　直标法

2. 文字符号法识读电感器

文字符号标注法是将电感器的标称值和偏差值用数字和文字符号按一定的规律组合标注在电感器的外壳上。采用这种方法标注的电感器通常是一些小功率电感器，单位通常为微亨（μH），此时，“R”表示小数点。

用文字符号法识读电感量的实例如图 5-4-2 所示。

a）

b）

图 5-4-2　文字符号法

图 5-4-2a 的电感量为 0.22μH，图 5-4-2b 的电感量为 2.2μH。

【温馨提示】 电感量的整数部分和小数部分分别标在文字符号的前面和后面。

3. 数码法识读电感器

数码法是用三位数字表示电感量，前两位为有效数字，第三位为倍率。该方法常用于贴片电感器。

用数码法识读电感量的实例如图 5-4-3 所示。

a）

b）

图 5-4-3　数码法

图 5-4-3a 的电感量为 10×10^1μH=100μH，图 5-4-3b 的电感量为 47×10^0μH =47μH。

【温馨提示】 三位数字中，从左至右的第一、二位为有效数字，第三位数字表示有效数字后面所加“0”的个数。用这种方法读出的电感量，默认单位为微亨（μH）。

4. 色环法识读电感器

色环标注法是在电感器表面涂上不同的色环来代表电感量（与电阻类似），通常用三条或四条色环表示。识别色环时，紧靠电感器一端的色环为首环，露出电感器本色较多的一端的色环为末环。

用色环法识读电感量的实例如图 5-4-4 所示。

a）　　b）

图 5-4-4　色环法

图 5-4-4a 的电感量为 $22\times10^0\mu H=22\mu H$，误差为±10%（红红黑银）；图 5-4-4b 的电感量为 $41\times10^0\mu H=41\mu H$，误差为±10%（黄棕黑银）。

【温馨提示】

1）三色环：第一、二环表示有效值，第三环表示倍率。

2）四色环：第一、二环表示有效值，第三环表示倍率，第四环表示误差。

注意：用这种方法读出的色环电感量，默认单位为微亨（μH）。色环电感器与色环电阻器外形相近，使用时要注意区分，通常色环电感器外形以短粗居多，而色环电阻器以细长居多。

练一练

1. 写出表 5-4-5 中各电感器的电感量。

表 5-4-5 电感量读数表

序号	实物图	实物名称
1		电感量 L:
2		电感量 L:
3		电感量 L:
4		电感量 L:
5		电感量 L:
6		电感量 L:

2. 快速读出下面四个色环电感器的电感量和误差。

红黑红金__________，　红红黑银__________，

绿黑棕银__________，　黄橙紫棕__________。

3. 根据电感量反推色环。

电感量：1.2μH±10%　　色环：________________。

电感量：220μH±2%　　色环：________________。

活动3　检测电感器

电感器的好坏主要是根据测出的电阻值大小进行判别。

用万用表检测电感器直流电阻的方法详见表5-4-6。

表5-4-6　万用表检测电感器

步骤	指针式万用表	数字式万用表
第一步 选挡	将万用表拨到欧姆挡适当量程，一般选 $R\times1$ 或（$R\times10$）挡	将万用表拨到200Ω挡
第二步 调零	将两表笔短接，调节欧姆调零旋钮，使指针指到零的位置	将两表笔短接时，显示值趋于0
第三步 测量	表笔不分红、黑，分别接电感器的两引脚，将指针指示阻值记录下来，乘以挡位倍率，即为电感器的直流电阻值	表笔不分红、黑，接电感器的两引脚，将显示值记录下来，得出的数字即为电感器的直流电阻值

说明：正常情况下，电感器的直流电阻都比较小，一般为几欧至几十欧。若在上述检测过程中表针无摆动或者接近∞，说明电感器已经损坏（内部开路）；若表针指到0的位置，则说明电感器已短路。

【温馨提示】 测量完毕，将万用表拨到交流电压最大挡或OFF挡。

练一练

识读与检测给定的5个电感器，完成表5-4-7。

表 5-4-7 识读与检测电感器

电感器	外形图	名称	电感量	直流电阻	挡位	质量
电感器 1						
电感器 2						
电感器 3						
电感器 4						
电感器 5						

任务评价

任务评价见表 5-4-8。

表 5-4-8 任务评价表

序号	评价指标	配分	评分标准	扣分	得分
1	实训态度	10 分	实训态度端正，遵守纪律，服从管理，爱护实训设备，器材，无损坏丢失		
2	万用表的操作规范	10 分	操作不规范，一次扣 2 分		
3	识读与检测电感	80 分	结果错误，一次扣 3 分，扣完为止		
总分					

任务 5 识别与检测变压器

知识目标

1）了解变压器的分类。

2）能描述变压器的工作原理。

3）能记住变压器的作用、结构和符号。

技能目标

1）认识不同外形的变压器。

2）能使用万用表检测变压器。

任务导入

变压器实质上是一种电感器，它是利用两个电感线圈靠近时的互感原理来传递交流信号或能量的。制作时，将两组或两组以上的线圈绕在同一个线圈骨架上，或绕在同一铁心上，就构成了变压器。

活动1 认识变压器

变压器的种类繁多，下面通过表 5-5-1 来认识常见变压器。

表 5-5-1 常见变压器

序号	名称	实物图
1	单相变压器	
2	电力变压器	
3	电源变压器	
4	调压变压器	
5	高频变压器	

续表

序号	名称	实物图
6	隔离变压器	
7	环形变压器	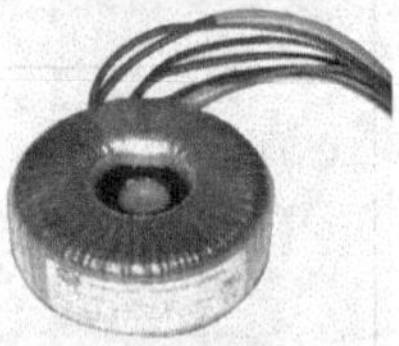
8	脉冲变压器	
9	耦合变压器	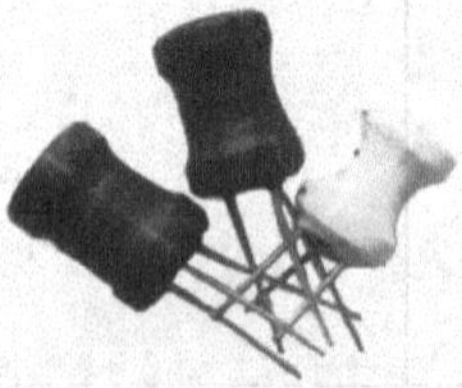
10	三相隔离变压器	
11	特种变压器	

续表

序号	名称	实物图
12	音频变压器	
13	中频变压器	
14	自耦变压器	
15	低频变压器	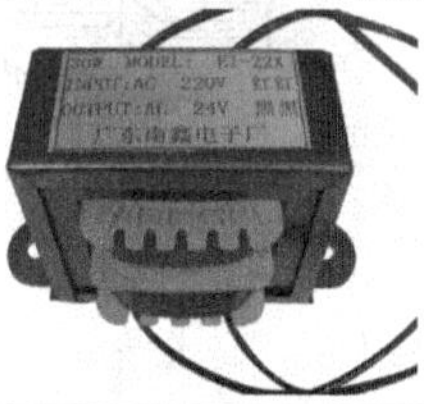
16	贴片变压器	
17	小型变压器	
18	干式变压器	

知识探究

1. 变压器的分类

1）按用途分：电源变压器、音频变压器、调压变压器、恒压变压器、脉冲变压器、测量变压器、自耦变压器和隔离变压器。

2）按结构分：双绕组变压器、三绕组变压器和多绕组变压器。

3）按相数分：单相变压器、三相变压器和多相变压器。

4）按工作频率分：低频变压器、中频变压器和高频变压器。

5）按铁心种类分：空心变压器、磁心变压器和铁心变压器。

2. 变压器的基本结构

变压器主要由铁心、绕组和附件等组成。

（1）铁心

铁心是变压器的磁路通道，是用磁导率较高且相互绝缘的硅钢片制成，以减少涡流和磁滞损耗。按其构造形式可分为心式和壳式两种，如图 5-5-1 所示。

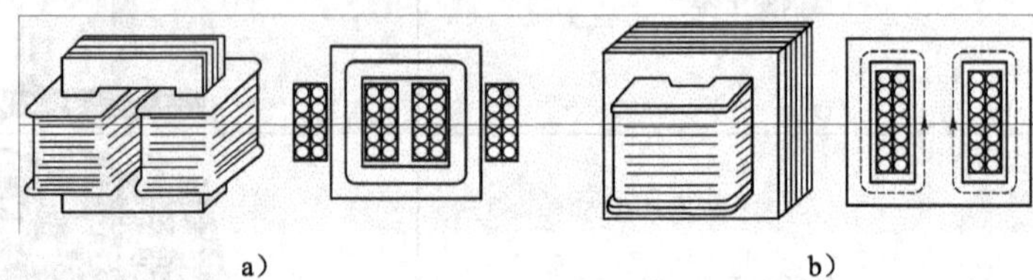

a） b）

图 5-5-1 铁心结构

（2）绕组

绕组组成了变压器的电路部分。是用漆包线在绕组骨架上绕制而成，绕组的作用是在通过交流电流时，产生交变磁通和感应电动势。其中，和电源相连的绕组称为一次绕组，和负载相连的绕组称为二次绕组。

（3）附件

附件主要有绝缘材料、屏蔽罩和绕组骨架等。

3. 变压器的符号

变压器的电路符号见表 5-5-2。

表 5-5-2 变压器的电路符号

名称	电路符号	名称	电路符号
铁心双绕组变压器		铁心双绕组中心抽头变压器	
铁心微调变压器		屏蔽隔离的铁心双绕组变压器	

4. 变压器的作用

变压器具有变换电压、变换电流、变换阻抗、稳压和改变相位的作用，还可以用于隔离电源和负载，广泛应用于电工技术、电子技术和自动控制中。

练一练

写出表 5-5-3 中各变压器的名称。

表 5-5-3 变压器的识别

序号	实物图	实物名称
1		
2		
3		
4		
5	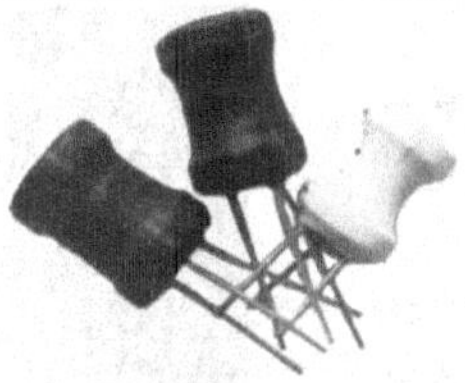	
6		

活动2 检测变压器

在检测变压器时，通常要测量各绕组的电阻、绕组间的绝缘电阻、绕组与铁心之间的绝缘电阻。下面以电源变压器为例来说明变压器的检测方法（注：该变压器输入电压为220V、输出电压为3V—0V—3V、额定功率为3W）。

用万用表检测变压器的方法见表5-5-4。

表5-5-4 用万用表检测变压器

步骤	检测变压器
第一步 选挡	将万用表拨到欧姆挡适当量程
第二步 调零	将两表笔短接，调节欧姆调零旋钮，使指针指到零的位置
第三步 测量各绕组的电阻	红、黑表笔分别接变压器的1、2端，测量一次绕组的电阻，然后在刻度盘上读出阻值大小 若测得的阻值为无穷大，说明一次绕组开路 若测得的阻值为0，说明一次绕组短路 若测得的阻值偏小，则可能是一次绕组匝间出现短路 然后将万用表拨至$R\times1$挡，用同样的方法测量变压器的3、4端和4、5端的电阻，正常时，约为几欧 一般来说，变压器的额定功率越大，一次绕组的电阻越小，变压器的输出电压越高，其二次绕组电阻越大（因匝数多） 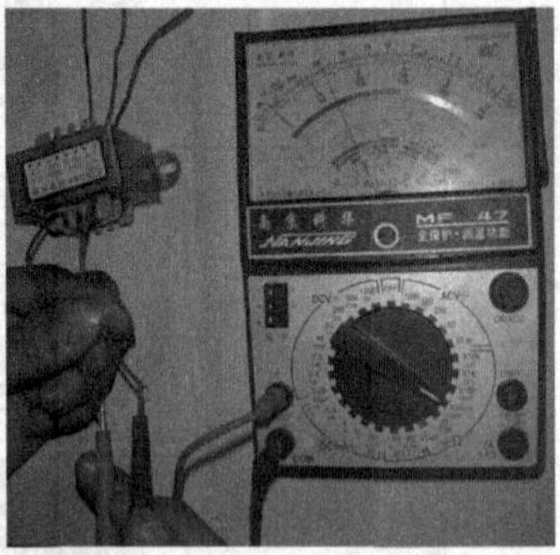
第四步 测量绕组之间的电阻	将万用表拨至$R\times10$k挡，红、黑表笔分别接变压器一、二次绕组的一端，然后在刻度盘上读出阻值大小 若测得的阻值为无穷大，说明一、二次绕组之间绝缘良好 若测得的阻值小于无穷大，说明一、二次绕组之间存在短路或漏电
第五步 测量绕组与铁心之间的绝缘电阻	将万用表拨至$R\times10$k挡，红表笔接变压器铁心或金属外壳，黑表笔接一次绕组的一端，然后在刻度盘上读出阻值大小 若测得的阻值为无穷大，说明一次绕组与铁心间绝缘良好 若测得的阻值小于无穷大，说明一次绕组与铁心间存在短路或漏电 再用同样的方法测量二次绕组与铁心之间的绝缘电阻 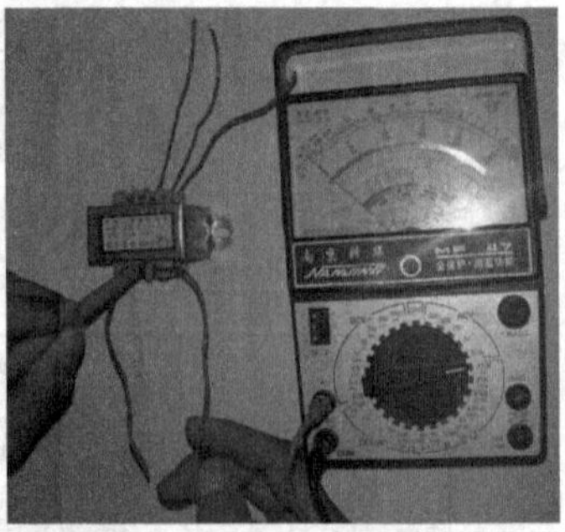

知识探究

1. 变压器的工作原理

变压器是依据电磁感应原理工作的，其一次绕组接在交流电源上，在铁心中产生交变磁通，从而在一、二次绕组中产生感应电动势，如图 5-5-2 所示。

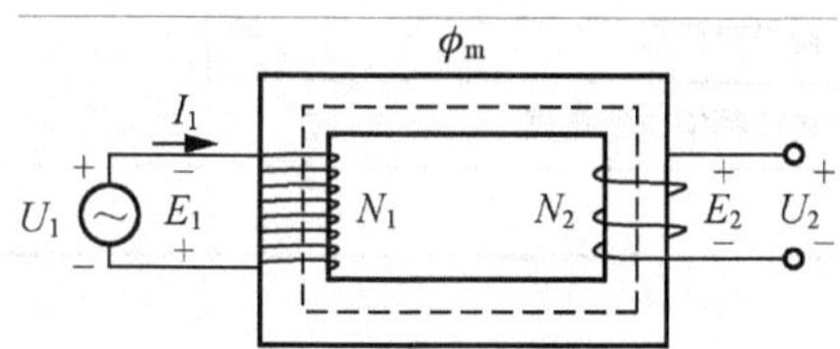

图 5-5-2　变压器的工作原理

2. 变压器的主要参数

变压器的主要参数见表 5-5-5。

表 5-5-5　变压器的主要参数

参数	说明
电压比	一次电压 U_1 与二次电压 U_2 之比，等于一次绕组匝数 N_1 与二次绕组匝数 N_2 之比
额定功率	指在规定工作频率和电压下，变压器能长期正常工作时的输出功率。一般只有电源变压器才有额定功率参数
频率特性	指变压器有一定的工作频率范围。不同工作频率范围的变压器一般不能互换使用。当变压器在其频率范围外工作时，会出现温度升高或不能正常工作等现象
效率	指在变压器接额定负载时，输出功率与输入功率的比值，比值越大，表明变压器损耗越小，效率越高。变压器的效率一般在 60%～100%之间

3. 变压器的命名方法

国产变压器型号命名由以下三部分组成。

第一部分：用字母表示变压器的主称。

第二部分：用数字表示变压器的额定功率。

第三部分：用数字表示序号。

变压器的型号命名及含义见表 5-5-6。

表 5-5-6　变压器的型号命名及含义

第一部分：主称		第二部分：额定功率	第三部分：序号
字母	含义	用数字表示变压器的额定功率	用数字表示产品的序号
CB	音频输出变压器		
DB	电源变压器		
GB	高压变压器		

续表

第一部分：主称		第二部分：额定功率	第三部分：序号
字母	含义	用数字表示变压器的额定功率	用数字表示产品的序号
HB	灯丝变压器		
RB 或 JB	音频输入变压器		
SB 或 ZB	扩音机用定阻式音频输送变压器		
SB 或 EB	扩音机用定压或自耦式音频输送变压器		
KB	开关变压器		

练一练

1. 根据给定的变压器，完成表 5-5-7。

表 5-5-7　变压器的识读

名称	外形图	名称
变压器 1		
变压器 2		
变压器 3		

2. 画出表 5-5-8 中变压器的电路符号。

表 5-5-8　变压器的电路符号

名称	电路符号
铁心双绕组变压器	
铁心双绕组中心抽头变压器	
铁心微调变压器	
屏蔽隔离的铁心双绕组变压器	

3. 描述变压器的工作原理。
4. 写出变压器的主要参数。

任务评价

任务评价见表 5-5-9。

表 5-5-9　任务评价表

序号	评价指标	配分	评分标准	扣分	得分
1	实训态度	10 分	实训态度端正，遵守纪律，服从管理，爱护实训设备、器材，无损坏丢失		

续表

序号	评价指标	配分	评分标准	扣分	得分
2	变压器的识读	30 分	结果错误，每空扣 5 分，扣完为止		
3	画出变压器的电路符号	20 分	结果错误，每空扣 5 分，扣完为止		
4	描述变压器的工作原理	20 分	根据描述酌情扣分		
5	写出变压器的主要参数	20 分	结果错误，每空扣 5 分，扣完为止		
总分					

项目6

安装与检测简单照明电路

项目描述

照明电路是我们生活中接触最为频繁的电路。随着时代的发展，照明电路的种类越来越多，在本项目中，我们通过认识各种电光源到安装与检测荧光灯电路、LED灯电路、双控电路及配电箱电路，较为全面地了解与掌握各种常见照明电路的安装与检测。

任务1 认识与检测电光源

知识目标

1）了解常用电光源的分类。
2）了解各电光源的特点。
3）了解各种电光源的用途。

技能目标

1）认识各种类型的电光源产品。
2）会检测各类电光源产品。

任务导入

电光源产品是将电能转换为光能的器件，广泛用于日常照明、工农业生产、国防和科研等方面。因此，对电光源产品的认识与检测非常必要。

活动1 认识电光源产品

电光源产品主要分为热辐射发光灯、气体放电灯和其他电光源灯三大类。详见表6-1-1。

表6-1-1 常见电光源产品

序号	名称	实物图
1	白炽灯	
2	碘钨灯	

续表

序号	名称	实物图
3	卤钨灯	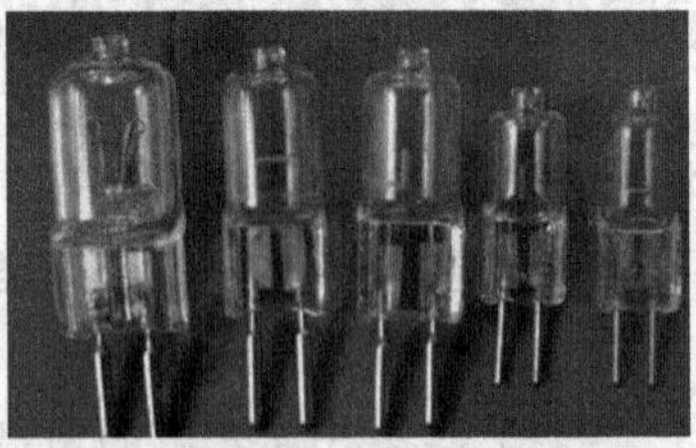
4	普通荧光灯	
5	节能荧光灯 1	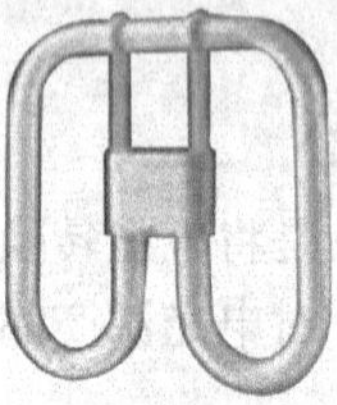
6	节能荧光灯 2	
7	LED 灯	
8	高压汞灯	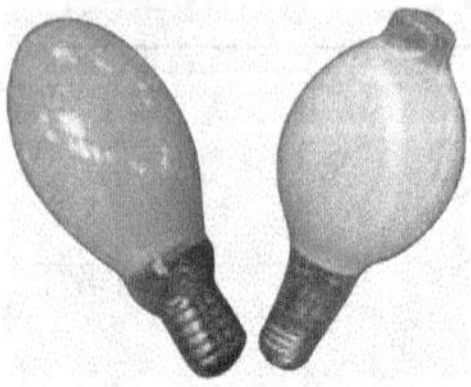

续表

序号	名称	实物图
9	高压钠灯	
10	金属卤化物灯	
11	低压钠灯	

知识探究

1. 电光源产品的分类

常用照明电光源一般分为热辐射光源、气体放电光源和其他电光源灯三大类。

热辐射光源是一种通过发热体（如灯丝）通电后发热发光提供照明的光源，如白炽灯和碘钨灯、卤钨灯。这类光源结构简单、所需附件少、价格便宜，但发光效率低、能耗高。热辐射光源目前仍是重要的照明光源，生产数量极大。

气体放电光源是一种通电后由灯丝发射电子激发气体放电发光的光源，如荧光灯、节能灯等。它的发光效率高、节能、寿命长，但附件较多、结构复杂、购置成本也较高。气体放电光源应用极其广泛。

其他电光源灯（如新近研究出来的半导体发光光源）的特点是光效好、节能、环保，但成本较高。

2. 电光源产品的特点及用途

各类电光源产品特点及用途见表 6-1-2。

表 6-1-2　电光源产品的特点及用途

电光源产品	特点	用途
普通照明灯	显色性好、开灯即亮、可连续调光、结构简单、价格低廉、功率因数高、维修方便，但寿命短、光效低、不耐振、耗能	适用于开关频繁，照度要求不高的场合，如居室、客厅、大堂、客房、商店、餐厅、走道、会议室及庭院照明 常用于台灯、顶灯、壁灯、床头灯、走廊灯
卤钨灯	填充气体内含有部分卤族元素或卤化物的充气白炽灯。具有普通照明灯的全部特点，但光效和寿命比普通照明灯提高一倍以上，且体积小	可用于会议室、展览展示厅、客厅、商业照明、影视舞台、仪器仪表、汽车、飞机以及其他特殊照明
碘钨灯	发光效率高、寿命较长、温度高	适用于大面积照明场所
普通荧光灯	光效高、寿命长、光色好，但附件较多，不耐频繁开关	适用于办公室、会议室、商店等
节能荧光灯	光效高、节能	适用于一般小面积照明
LED 灯	高效、节能、环保、安全、寿命较长，但成本高	适用场合很广泛
高压汞灯	光效好、寿命长、价格高，但启动时间长、功率因数低	适用于广场、车站、码头、车间等
高压钠灯	寿命长、光效高、透雾性强	道路照明、泛光照明、广场照明、工业照明等
金属卤化物灯	寿命长、光效高、显色性好	适用于广场、剧场、体育馆、车站、码头等
低压钠灯	发光效率高、寿命长、光通维持率高、透雾性强，但显色性差	隧道、港口、码头、矿场等

练一练

1. 请根据教师说出的电光源名称，找出对应的电光源产品。
2. 请根据教师提供、展示的电光源产品，说出电光源名称。

活动 2　检测电光源产品

1. 白炽灯的检测

白炽灯的故障现象和检测方法见表 6-1-3。

表 6-1-3 白炽灯的故障现象和检测方法

产生故障的可能原因	故障现象	检测方法	实物图
灯丝断开	接通电源灯泡完全不发光	用肉眼直接观察灯丝是否断开，若断开，则灯泡已坏，应更换新灯泡	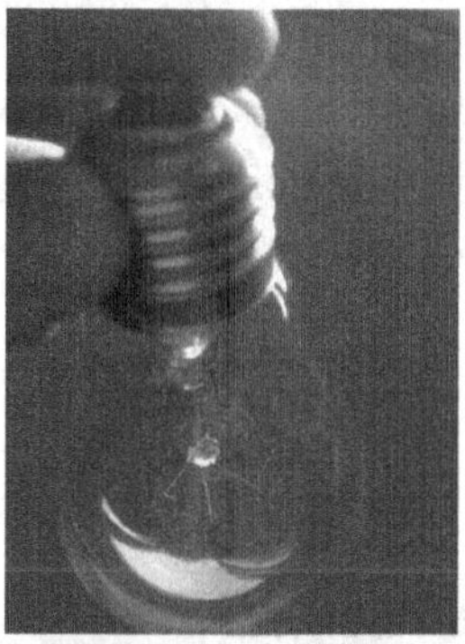
		万用表置于 $R\times10$ 挡，将两表笔接触灯泡两个触点，指针有一定偏转，如右图，则可判定灯丝完好。如果指针不动，即可判定灯丝断开，应更换新灯泡	

2. 荧光灯的检测

普通荧光灯的故障现象和检测方法见表 6-1-4。

表 6-1-4 普通荧光灯的故障现象和检测方法

故障现象	产生故障的可能原因	检测方法	实物图
接通电源，灯管完全不发光	灯丝断开	用万用表测灯管两端的电阻值	

续表

故障现象	产生故障的可能原因	检测方法	实物图
灯管两头发黑或有黑斑	使用时间过长，使得灯管两头发黑	肉眼观察，若存在此问题，应更换新灯管	
启辉困难，灯管两端不断闪烁，中间不启辉或者灯管亮度变低、色彩变差	使用时间过长	接入荧光灯电路，通电试验，若存在此问题，应更换灯管	

3. 高压汞灯的检测

高压汞灯的线路比较简单，与荧光灯相比，它的故障比较少。表 6-1-5 列出了高压汞灯的故障现象及检测方法。

表 6-1-5 高压汞灯的故障现象及检测方法

故障现象	产生故障的可能原因	检测方法
不能启辉	灯泡内构件损坏	接入电路观察，若不能启辉，应更换灯泡
只亮灯芯	灯泡的玻璃外壳漏气或破裂	接入电路观察，若只亮灯芯，应更换灯泡
亮而忽熄或则接通不亮	灯泡损坏	接入电路观察，存在此问题，应更换灯泡

练一练

根据给定电光源产品，将检测方法和检测结果填入表 6-1-6。任务评价见表 6-1-7。

表 6-1-6 电光源产品检测表

电光源名称	检测方法	检测结果

任务评价

任务评价见表 6-1-7。

表 6-1-7　任务评价表

序号	评价指标	配分	评分标准	扣分	得分
1	产品好坏检测	50 分	电光源产品是否错检		
2	通电测试	30 分	电光源产品是否错检		
3	安全规范	5 分	产品，测量仪表无损坏		
		5 分	接入电路检测时是否穿绝缘鞋		
		10 分	操作是否规范安全		
总分					

任务 2　安装与检测荧光灯电路

知识目标

1）了解荧光灯的分类。
2）能简述荧光灯的发光原理。
3）能识记荧光灯的安装步骤。

技能目标

1）认识不同外形的荧光灯。
2）会安装荧光灯。

任务导入

荧光灯电路在照明电路中应用非常广泛，如果家里买来一套荧光灯具，你准备怎样安装，荧光灯又是怎样工作的呢？本任务就来进行荧光灯电路的安装与检测。

活动 1　认识荧光灯

荧光灯种类繁多，下面通过表 6-2-1 来认识常见荧光灯。

表 6-2-1 常见荧光灯

序号	名称	实物图
1	直管荧光灯	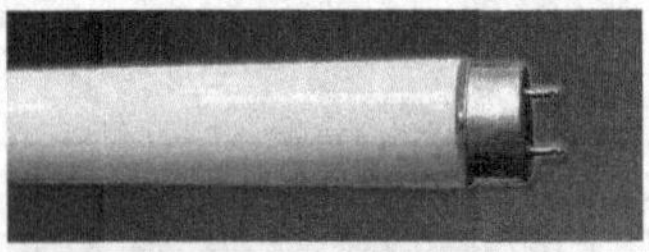
2	彩色荧光灯	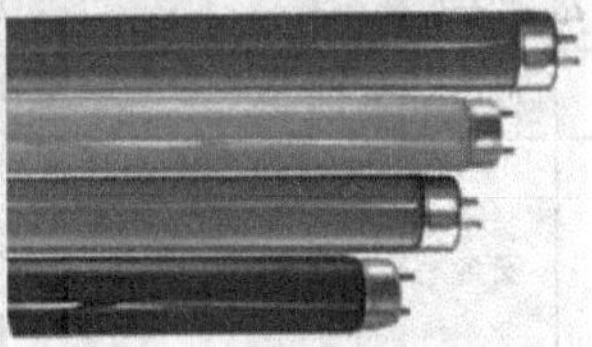
3	节能荧光灯	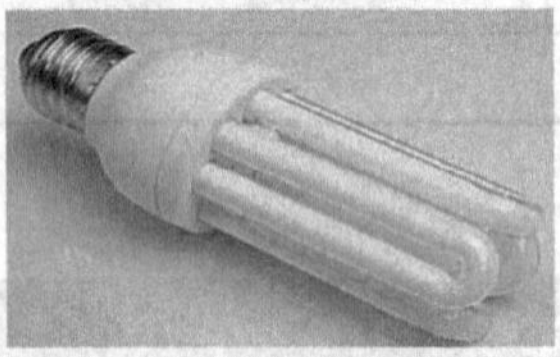
4	环形荧光灯	
5	大功率节能荧光灯	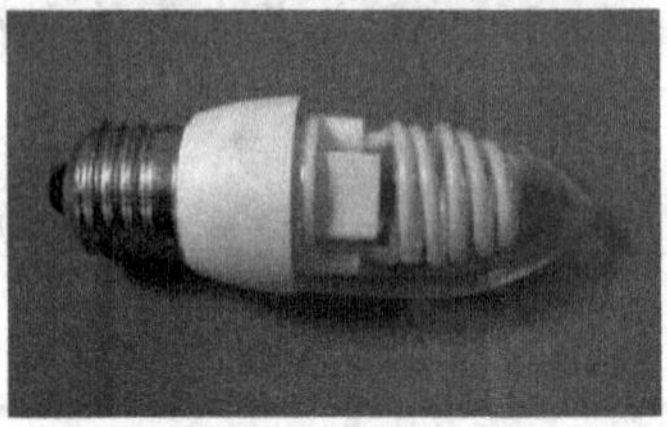
6	蝶形荧光灯	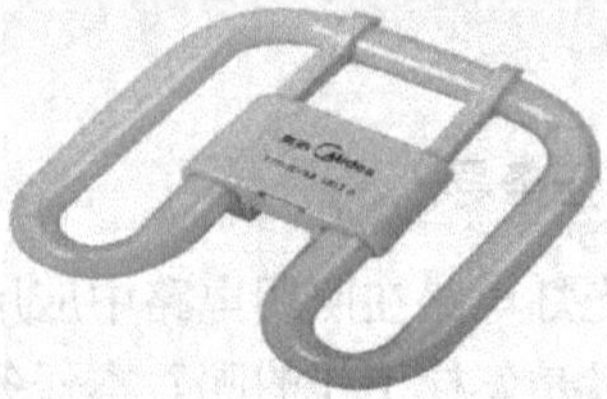

知识探究

1. 荧光灯简介

荧光灯即低压汞灯，是利用低气压的汞蒸气在放电过程中辐射紫外线，从而使荧光粉发出可见光的原理实现发光的，因此它属于低气压弧光放电光源。荧光灯的发光效率远比白炽灯和卤钨灯高，具有寿命长、光效高、显色性好等优点。

2. 荧光灯的分类

1）按管型分：直管荧光灯、彩色直管荧光灯和单端紧凑型节能荧光灯。

直管荧光灯按管径大小分为 T12、T10、T8、T6、T5、T4、T3 等规格。规格用“T＋数字”组合，表示管径的毫米数值。其含义：一个 T＝1/8 英寸，一英寸为 25.4mm；数字代表 T 的个数。如 T12＝25.4mm×1/8×12=38mm。

2）按光色分：三基色荧光灯管、冷白日光色荧光灯管和日光色荧光灯管。

练一练

1. 请根据教师说出的荧光灯名称，找出对应的荧光灯。
2. 请根据教师提供、展示的荧光灯，说出荧光灯的名称。

活动 2 安装荧光灯

1. 荧光灯电路的工作原理

如图 6-2-1 所示，当接通电源时，电源电压全部加在辉光启动器的两个电极上，辉光启动器内的氩气发生电离。电离的高温使 U 型电极受热趋于伸直，两电极接触，电流从电源一端流向镇流器→灯丝→辉光启动器→灯丝→电源的另一端，从而形成通路并加热灯丝。灯丝因有电流（称为启辉电流或预热电流）通过而发热，使氧化物发射电子。同时，辉光启动器两个电极接通时，电极间电压为零，辉光启动器中的电离现象立即停止，U 型金属片因温度下降而复原，两电极离开。在离开的一瞬间，镇流器产生足够高的自感电动势，同电源电压一起加在灯管的两端，使灯管内的惰性气体电离而产生弧光放电。随着管内温度的逐渐升高，水银蒸汽游离，碰撞惰性气体分子放电，当水银蒸汽弧光放电时，就会辐射出不可见的紫外线，紫外线激发灯管内壁的荧光粉后发出可见光。荧光灯接线图如图 6-2-2 所示。

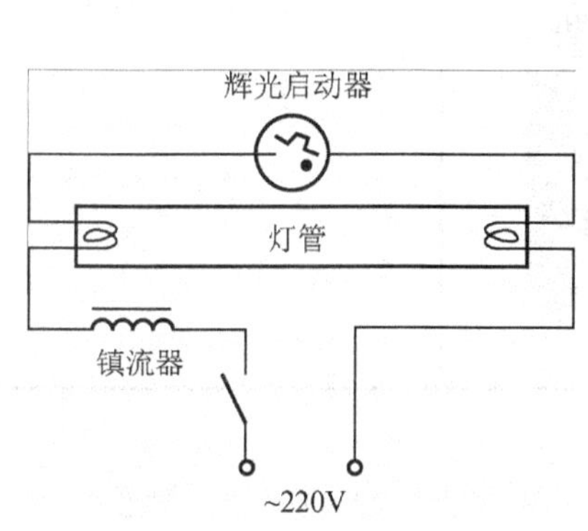

图 6-2-1 荧光灯结构原理图

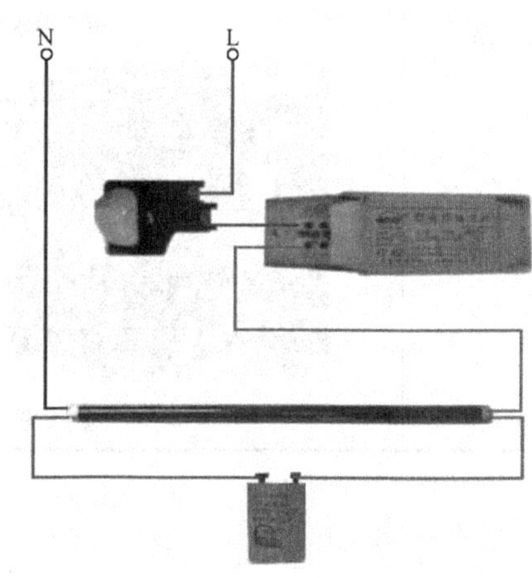

图 6-2-2 荧光灯接线图

正常工作时，灯管两端的电压较低（40W 灯管的两端电压约为 110V，20W 的灯管约为 60V），不足以使辉光启动器再次产生辉光放电。因此，辉光启动器仅在启辉过程中起作用，一旦启辉完成，便处于断开状态。

目前从节能角度出发，大量使用的是电子镇流器，现将组成荧光灯具的主要器材名称、外形结构与作用列于表 6-2-2 中。

表 6-2-2 荧光灯具的主要器材名称、外形结构与作用

器材名称	外形与结构图	作用与原理
灯管	灯脚 内壁涂有荧光粉 玻璃管 灯丝 灯头	灯管是一根直径为 15～38mm 的玻璃管，内抽真空，充有氩气和少量水银，管内壁涂有荧光粉。灯丝通有电流时，发射大量电子，激发荧光粉发出白光
镇流器	电感镇流器 电子镇流器	镇流器又称为限流器、扼流圈，是一个具有铁心的线圈。其作用有两个：一是在荧光灯启动时产生一个很高的感应电压，使灯管点亮；二是灯管工作时限制通过灯管的电流不致过大而烧毁灯丝

续表

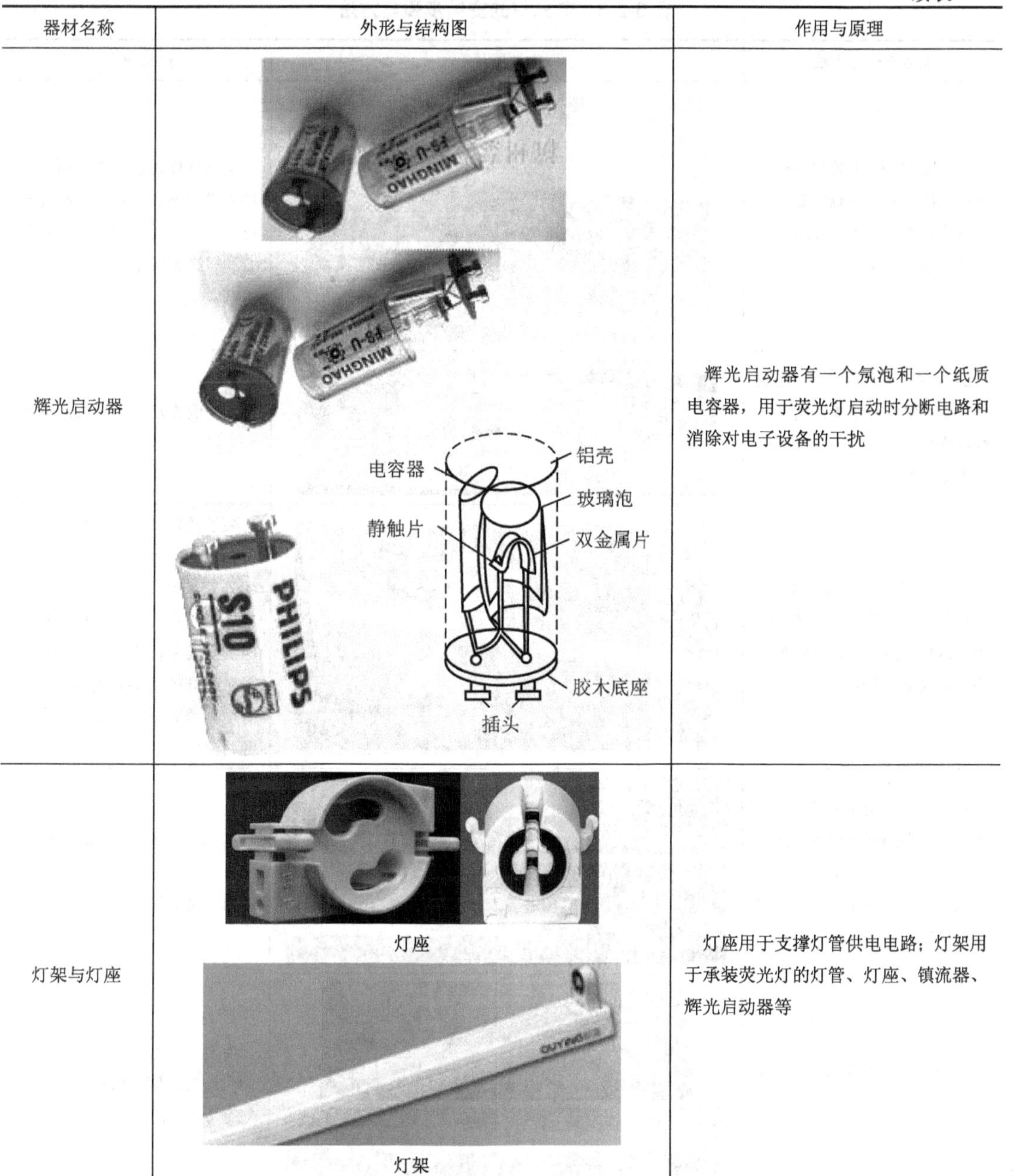

器材名称	外形与结构图	作用与原理
辉光启动器	电容器 铝壳 玻璃泡 静触片 双金属片 胶木底座 插头	辉光启动器有一个氖泡和一个纸质电容器，用于荧光灯启动时分断电路和消除对电子设备的干扰
灯架与灯座	灯座 灯架	灯座用于支撑灯管供电电路；灯架用于承装荧光灯的灯管、灯座、镇流器、辉光启动器等

2. 荧光灯的安装方法

荧光灯的安装步骤与方法见表 6-2-3。

表 6-2-3 荧光灯的安装步骤与方法

安装步骤与方法	实训图片	注意事项
1）组装灯座：要连接荧光灯灯座线路，必须用螺钉旋具拆开灯座，然后方可在灯座内的接线柱接入导线		荧光灯灯管的功率和镇流器的功率相同。规格一定要配合好，否则灯管不能发光或使灯管和镇流器损坏
2）安装镇流器并接线：在规定位置用螺钉将镇流器固定在灯具安装板上，再用导线连接镇流器接线柱		安装荧光灯时，走线应横平竖直
3）安装辉光启动器并接线：先用导线连接辉光启动器的两个接线柱，然后用螺钉将辉光启动器固定在安装板上		要了解辉光启动器内双金属片的构造，可以取下辉光启动器外壳来观察。荧光灯上安装电容器，是为了减少电力输送时的损失（即提高功率因数），对荧光灯的启动并没有作用。有电容器时，可将其并联在电源两端
4）安装荧光灯管：将两灯座固定在灯架的规定位置，把灯管一端灯脚插入活动灯座，另一端灯脚插入固定灯座，要求接触良好		如果所用灯架是金属材料的，应注意绝缘，以免短路或漏电，发生危险
5）安装成功的荧光灯具实体图如右图所示		用废荧光灯管解剖了解灯丝的构造时，因灯管内的水银蒸气有毒，应注意通风

安装荧光灯电路。

活动 3 荧光灯常见问题及检修

与白炽灯相比，荧光灯线路较为复杂，电路中出现的故障就相应地增多，现将故障现象、产生的原因及检修方法列于表 6-2-4 中。

表 6-2-4 荧光灯的故障现象及检修方法

故障现象	产生原因	检修方法
接通电源，灯管完全不发光	1）荧光灯供电电路开路或接触不良 2）辉光启动器损坏或与灯管接触不良 3）新装荧光灯线路可能接错 4）灯丝断开或灯管漏气 5）灯脚与灯座接触不良 6）镇流器线圈开路或与灯管不配套 7）电源电压太低或线路降压太大	1）检修供电电路，排除故障点 2）更换辉光启动器或检修辉光启动器座 3）改正灯具接线 4）更换灯管 5）检修灯座，去除灯脚氧化层 6）更换合格的镇流器 7）用交流稳压器稳定供电电压
灯管两头发红，但不启辉	1）辉光启动器内电容击穿或氖泡内动、静触片粘连 2）电源电压太低或压降太大 3）气温太低 4）灯管老化	1）更换合格的辉光启动器 2）用交流稳压器稳压 3）热敷灯管 4）更换灯管
灯管启辉困难，两端不断闪烁，中间不启辉	1）辉光启动器不配套 2）电源电压太低 3）环境温度太低 4）镇流器和灯管不配套，启辉电流小 5）灯管陈旧	1）换配套辉光启动器 2）换交流稳压器 3）热敷灯管 4）换配套镇流器 5）换新灯管
灯管发光后立即熄灭	1）接线错误，烧断灯丝 2）镇流器内部短路，灯管两端电压偏高而烧坏灯丝	1）改正接线后，换新灯管 2）换合格镇流器后，换新灯管
灯丝两头发黑或有黑斑	1）辉光启动器内电容击穿或氖泡内动、静触片粘连 2）灯管内汞凝结 3）辉光启动器性能不好或与灯座接触不良 4）镇流器不配套 5）线路电压太高，加速灯丝发射物蒸发 6）灯管使用时间过长，使两头过黑	1）更换辉光启动器 2）属正常现象 3）换合格辉光启动器或检修故障点 4）换合格镇流器 5）用交流稳压电压稳压 6）换新灯管
灯管亮度变低或色彩变差	1）气温低，影响汞气化 2）电源电压低或线路电压损失大 3）灯管上积垢太多 4）灯管陈旧 5）镇流器不配套，使电路工作电流小	1）对灯管加防风设备 2）加交流稳压电源 3）清洁灯管 4）换新灯管 5）换配套镇流器

续表

故障现象	产生原因	检修方法
灯光闪烁	1）新灯管的暂时现象 2）辉光启动器损坏 3）线路连接点接触不良，时通时断	1）启动几次即可正常 2）换合格的辉光启动器 3）排除线路故障点
灯管点亮后有“嗡嗡”声或其他杂声	1）镇流器硅钢片未插紧 2）电源电压太高 3）镇流器过载或内部短路 4）辉光启动器性能不良 5）镇流器温升过高	1）换合格镇流器 2）加交流稳压电源 3）换合格镇流器 4）换新辉光启动器 5）换合格镇流器
镇流器过热	1）灯架内温升过高，散热不好 2）电源电压偏高 3）镇流器质量不佳 4）灯管闪烁时间或连续通电时间过长	1）改善灯架通风条件 2）接入交流稳压电源 3）换合格镇流器 4）排除灯管闪烁故障，适当缩短通电时间

练一练

荧光灯常见故障有哪些？如何检修？

任 务 评 价

任务评价见表 6-2-5。

表 6-2-5 任务评价表

序号	评价指标	配分	评分标准	扣分	得分
1	元件检查	5 分	电气元件是否漏检或错检		
2	安装元件	5 分	不按布置图安装		
		3 分	元件安装不牢固		
		2 分	元件安装不整齐、不合理、不美观		
		5 分	损坏元件		
3	布线	10 分	不按电路图接线		
		5 分	布线不符合要求		
		5 分	接点松动、露铜过长、反圈		
		5 分	损伤导线绝缘或线芯		
		5 分	中性线是否经过开关		
		10 分	开关是否控制相线		
4	通电试灯	15 分	按下开关熔体熔断		
		5 分	按下开关灯闪烁		
		5 分	按下开关灯管两灯头亮，中间不亮		
		5 分	按下任开关灯不亮		
5	安全规范	5 分	是否穿绝缘鞋		
		5 分	操作是否规范安全		
总分					

任务3 安装与检测LED灯电路

知识目标

1）了解节能灯的外形及分类。
2）了解自制节能灯的基本工作原理。

技能目标

1）会安装LED灯电路。
2）会安装自制节能LED灯电路。
3）会对简单节能灯电路进行检修。

任务导入

提起照明，人们马上会想到灯具店中那些五颜六色的各式灯具。LED灯作为居室灯具设计的主流，充分体现节能化、健康化、艺术化和人性化的照明发展趋势，已成为居室灯光文化的主导。随着LED技术的进一步成熟，LED将会在居室照明灯具设计开发领域取得更好的发展。下面就来学习LED灯的安装与检测。

活动1 认识LED灯电路

LED灯种类繁多，下面通过表6-3-1来认识常见LED灯。

表6-3-1 常见LED灯

序号	名称	实物图
1	LED球泡灯	
2	LED射灯	

续表

序号	名称	实物图
3	LED 插拔灯	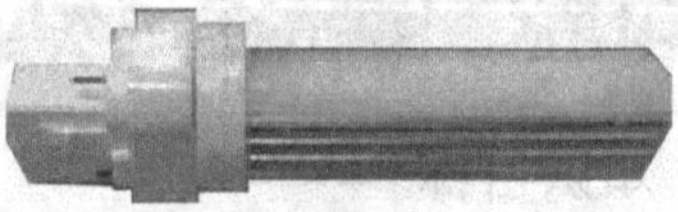
4	LED 蜡烛灯	
5	LED 筒灯	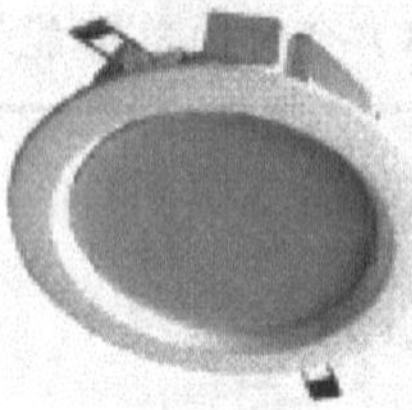
6	LED 天井灯	
7	LED 钢架灯	
8	LED 入盒灯	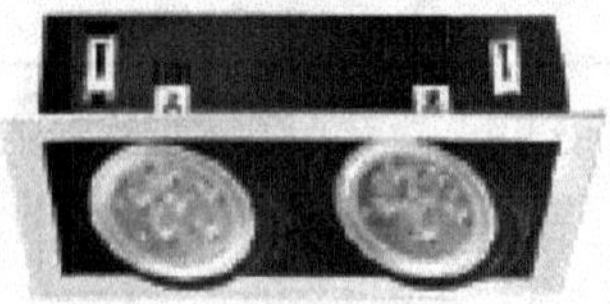
9	LED 灯管	

知识探究

1. LED 灯简介

LED 灯应用于家用照明、商业照明，是全世界呼唤的绿色环保及节能产品。LED 灯具有耗电量低、使用寿命长、效率高、亮度高、热量低及坚固耐用等特点，是目前取代传统的荧光灯的首选。LED 灯相对普通荧光灯而言，节电高达 80%左右，寿命为普通荧光灯的 10 倍以上。它适用于工厂、写字楼、商场、酒楼、学校及家庭等室内照明。安装时，将原有的荧光灯取下换上 LED 灯，并将镇流器和辉光启动器去掉即可。

2. LED 灯的特点

1）高效率、高功率因数的光电转换恒流驱动系统。

2）完善透明 PC 管外壳，抗 UV。（能保持透明 PC 管外壳照射超高亮白光）

3）灯管光衰低、噪声小、无杂色。

4）光效高达 80Lm/W。

5）宽电压供电无频闪。

6）开/关无延迟。

7）寿命高达 50000h。

8）节能、绿色环保光源。

练一练

请根据教师提供、展示的 LED 灯，说出对应的名称。

活动 2　LED 灯的安装

安装前，请检查 LED 灯管在运输过程中是否损坏，是否在规定的输入电压范围内使用。LED 灯接线图如图 6-3-1 所示。

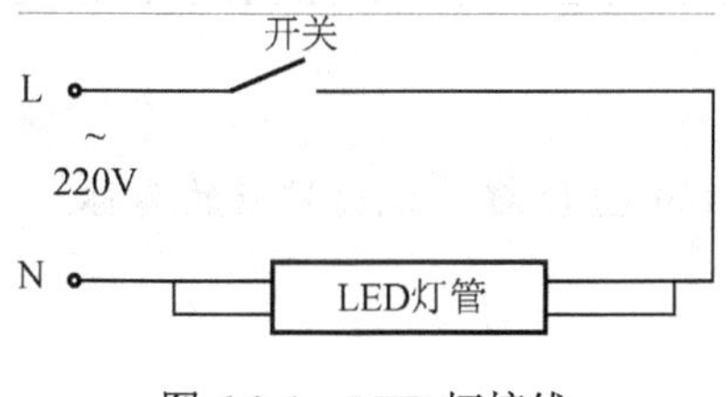

图 6-3-1　LED 灯接线

LED 灯的安装方法见表 6-3-2。

表 6-3-2 LED 灯的安装方法

安装步骤	安装的工艺和方法	安装示意图
1）组装灯座	确定好要安装的位置，用螺钉将其一端固定	
2）调整距离	将两个卡扣用螺钉锁在要安装的位置上。两卡扣之间距离以灯管长度一半最佳	灯长1/2
3）安装灯管并接线	将灯管上的两根输入线分别接在相线和中性线上，装上 LED 灯管	

练一练

1. 请根据教师提供、展示的 LED 灯，说出对应的名称。
2. 安装 LED 灯电路。

活动 3　LED 灯电路的检修

LED 灯电路出现故障的原因及检修方法见表 6-3-3。

表 6-3-3　LED 灯电路的故障现象及检修方法

故障现象	产生故障的可能原因	检修方法
接通电源，LED 灯不亮	1）开关接触不良 2）LED 灯内部开路 3）灯座接触不良 4）电源电压偏低	1）拆开开关，观察其内部结构，若弹簧片弯曲，只需将其复位，保证接触良好；若是弹簧片掉了，则应更换开关 2）更换新的 LED 3）检测灯座的导线，观察导线是否断开，若导线断开，则应重新连接导线，并用绝缘胶带缠好 4）改用交流稳压电源

练一练

请分析接通 LED 灯不亮的故障原因，并写出解决方案。

知识拓展

自制 38 只 LED 的白色节能灯

1. 认识原理图

38 只 LED 的白色节能灯的电路原理图如图 6-3-2 所示。

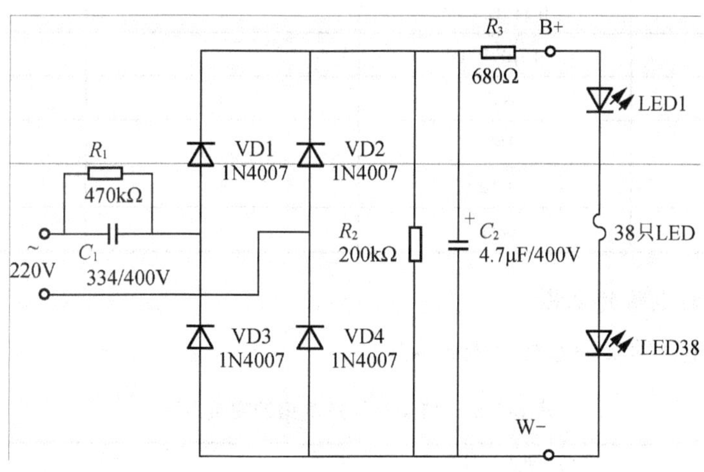

图 6-3-2　38 只 LED 节能灯原理图

接通电源后，经过整流滤波，给 38 只 LED 灯供电，同时点亮 38 只 LED 灯。该电路中，R、C_1 并联用于消除电源干扰；4 个二极管组成桥式整流电路，C_2 为滤波电容；R_2 为限流电阻，起保护发光二极管的作用。

2. 认识 38 只 LED 的白色节能灯套件及 PCB

38 只 LED 的白色节能灯套件及 PCB 如图 6-3-3 所示。

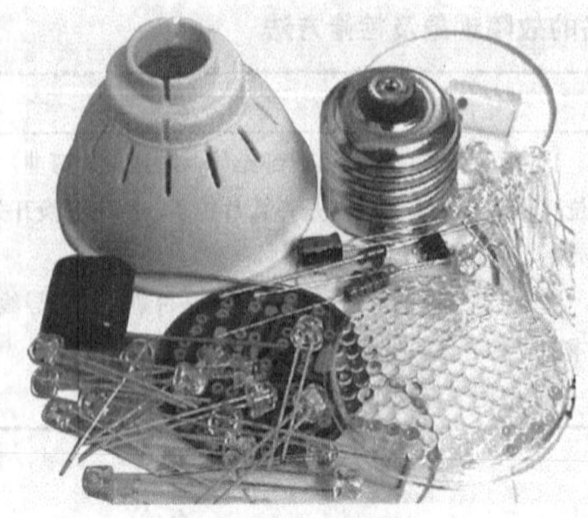

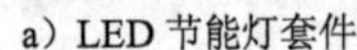

a）LED 节能灯套件

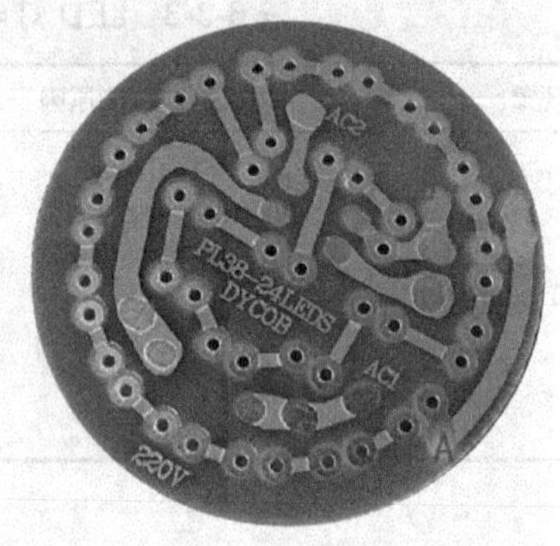

b）LED 节能电路板

图 6-3-3　LED 节能灯套件及印制电路板

3. 自制节能灯电路的元器件选择

自制节能灯电路所需元器件见表 6-3-4。

表 6-3-4　自制节能灯元器件列表

元件名称	元件型号	元件数量	备注
白色高亮度 LED	散光型	38	
电容	0.33μF/400V	1	
电容	4.7μF/100V	1	
二极管	1N4007	4	
电阻	1MΩ	1	
电阻	200kΩ	1	
电阻	680Ω	1	

4. 自制节能灯电路的安装

自制节能灯电路的安装方法见表 6-3-5。

表 6-3-5　自制节能灯电路的安装方法

安装步骤	安装工艺与方法	安装示意图
1）将 LED 灯插入 PCB	将白色 LED 按照 PCB 上标注的极性仔细插入 注意：长引脚插入 PCB 上标有“+”的孔中，千万不能插反	

续表

安装步骤	安装工艺与方法	安装示意图
2）焊接	先焊接内圈的 LED，再焊接外圈的 LED。最后安装其余器件	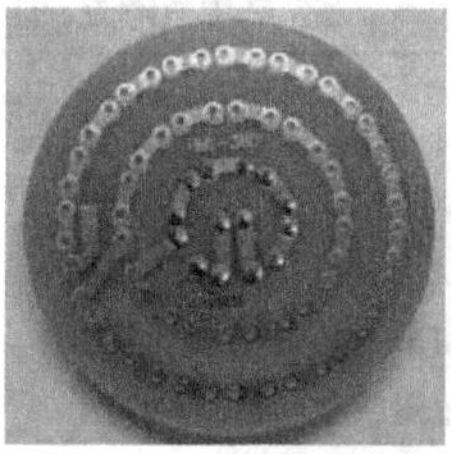 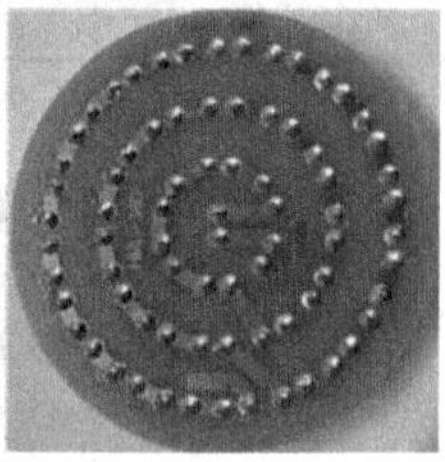
3）接入电源线	焊接完成后，观察 LED 灯电路板上接电源线出处，用软导线引出	
4）检查	检查元器件是否安装正确，检查焊接质量，焊点处理是否合理，有没有焊接点短路、虚焊、假焊、多余脚是否剪去	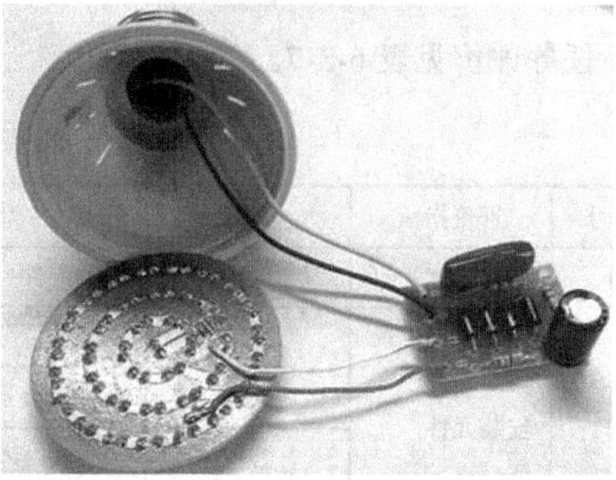
5）通电调试	检查确认无短路后，接通 220V 电压	

5. 检测自制 38 只 LED 的白色节能灯电路

图 6-3-2 所示电路由 38 只 LED 灯组成，通常有一个坏了就不能正常工作。现将可能出现的故障现象及故障原因归在表 6-3-6 中。

表 6-3-6 LED 灯电路故障现象及检修方法

故障现象	产生故障的可能原因	检修方法
接通电源全部 LED 灯不亮	1）LED 引脚和 PCB 接触不良 2）LED 极性插反 3）LED 焊接时间过长被损坏 4）电阻或者其他元件接错 5）电源电压偏低	1）用电烙铁在 LED 引脚部分再次焊接，保证接触良好 2）仔细观察，若 LED 极性插反，可以将其用电烙铁拆下并重新装上 3）更换新的 LED 4）检查后，将错误的元器件按正确的位置重新安装 5）改用交流稳压电源
接通电源电容爆炸	1）电容极性插反 2）电路中存在短路性故障	1）将电容位置拆下，重新焊接 2）立即断电，用万用表电阻挡逐点检查，找出故障点，然后更换电容

任 务 评 价

任务评价见表 6-3-7。

表 6-3-7 任务评价

序号	评价指标	配分	评分标准	扣分	得分
1	元件检查	5 分	电器元件是否漏检或错检		
2	安装元件	5 分	不按布置图安装		
		3 分	元件安装不牢固		
		2 分	元件安装不整齐、不合理、不美观		
		5 分	损坏元件		
3	工艺	10 分	铜箔烫飞		
		10 分	元件焊接是否有虚焊、漏焊、桥接		
		5 分	焊点松动、引脚过长		
		5 分	损伤导线或有过多松香		
		5 分	电源线的压线是否准确		
4	通电试灯	5 分	接通电源全部灯不亮		
		5 分	接通电源时电容爆炸		
		5 分	接通电源有糊胶味		
		20 分	出现故障能够自己检修		
5	安全规范	5 分	是否穿绝缘鞋		
		5 分	操作是否规范安全		
总分					

任务 4　安装与检测双控电路

知识目标

1）能描述单相照明电路两地控制的原理。

2）能分析双联开关的结构。

技能目标

1）能安装两地控制照明电路。

2）能用万用表检查两地控制照明线路和排除故障。

任务导入

在日常生活中，我们最常用的是用一只开关来控制一盏灯。这种电路每次开、关电灯时，都要到指定的开关位置来操作，给我们的生活带来了一定的不便。有时为了方便，需要在两地控制一盏灯。如楼梯上使用的照明灯，要求在楼上、楼下都能控制其亮灭，如图 6-4-1 所示；卧室里的灯要求在房门口和床头都能控制其亮灭等。本任务就来进行白炽灯两地控制电路的安装与检测。

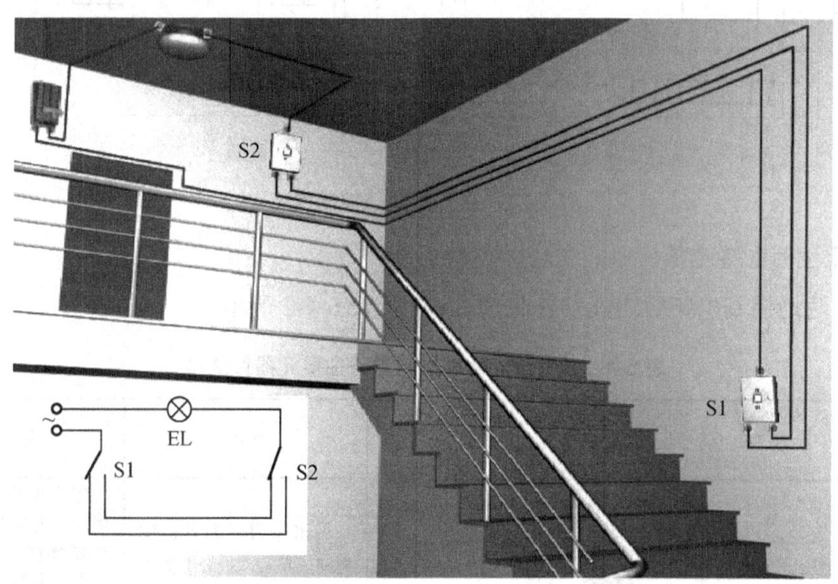

图 6-4-1　楼上、楼下两地控制灯亮灭

活动 1 安装双控电路

1. 认识白炽灯两地控制电路

白炽灯两地控制电路如图 6-4-2 所示。

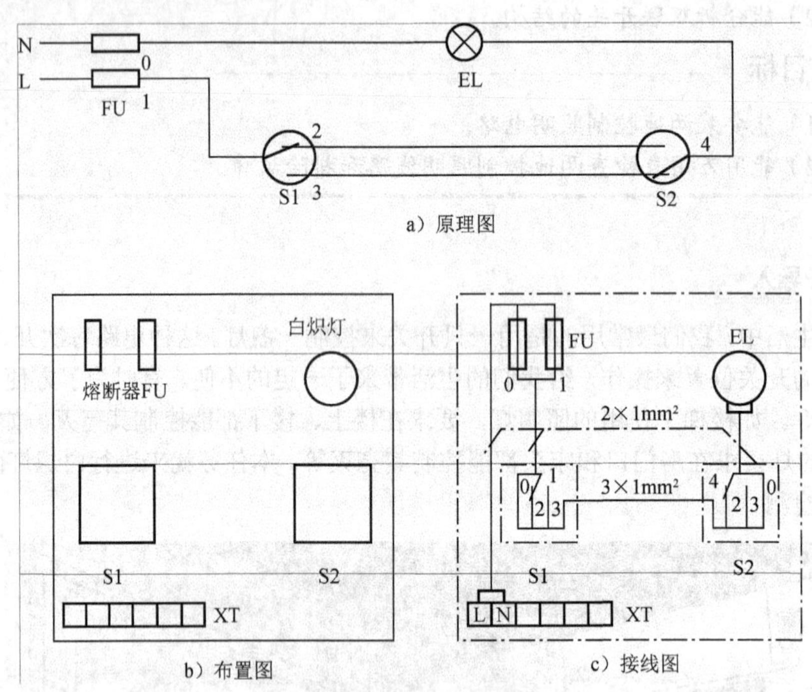

图 6-4-2 白炽灯两地控制电路

2. 选择控制电路元器件

白炽灯两地控制电路所需元器件见表 6-4-1 和表 6-4-2 所示。

表 6-4-1 白炽灯两地控制电路主要元器件清单

元器件名称	实物图	作用	注意事项
单联双控开关		用来接通或断开控制电路。单联双控开关无论处于什么状态，总有一对触点是接通的，另一对触点是断开的	作为单联双控开关使用时，电源进线或负荷出线需接在中间一个接线座上，另两个接出线或进线；作为单控开关使用时，只能接中间和旁边一个接线座，不能接两边两个接线座

续表

元器件名称	实物图	作用	注意事项
熔断器		在电路中起短路保护作用	根据控制电路负荷的大小选择合适的熔断器
端子排		将屏内设备和屏外设备的线路相连接，起信号（电流电压）传输的作用	接线端子排的额定电流要大于负荷电流

表 6-4-2　其他元器件

序号	元器件名称	型号、规格	数量（长度）	备注
1	白炽灯	220V、60W	1	
2	单联双控开关	4A、250V	2	
3	平装螺口灯座	4A、250V、E27	1	
4	圆木		1	
5	PVC 开关接线盒	44mm×39mm×35mm	1	
6	熔断器	RL1－15	2	配 2A 熔体
7	塑料导线	BV－1	5m	
8	接线端子排	JX3—1012		
9	接线板	700mm×550mm×30mm	1	

3. 元器件的安装及布线

白炽灯两地控制电路的安装及布线步骤见表 6-4-3。

表 6-4-3　白炽灯两地控制电路安装步骤

实训图片	操作方法	注意事项
	（1）安装熔断器 将熔断器安装在控制板的左上方，两个熔断器之间要间隔 5～10cm	1）熔断器倒装，下接线座安装在上方，上接线座安装在下方 2）根据安装板的大小和安装元件的多少，熔断器与元器件的距离为 10～20cm

续表

实训图片	操作方法	注意事项
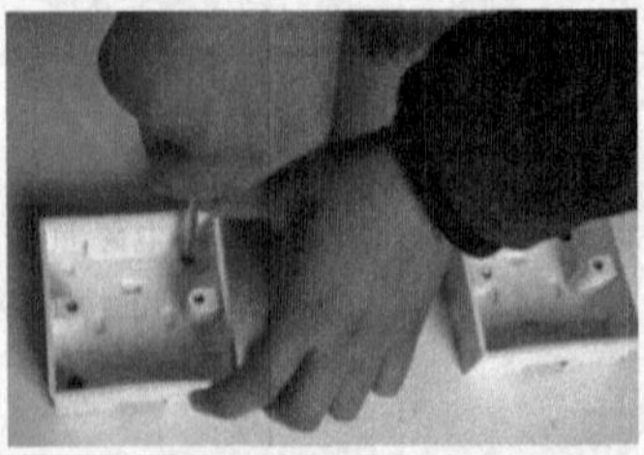	（2）安装开关接线盒 根据布置图用木螺钉将两个开关接线盒固定在安装板上	两个开关接线盒侧面的圆孔（穿线孔）一个开在右上侧，另一个开左下侧，这样稳固性更好
	（3）安装端子排 将接线端子排用木螺钉安装固定在接线板下方	1）根据安装任务选取合适的端子排 2）端子排固定要牢固，无缺件，绝缘良好
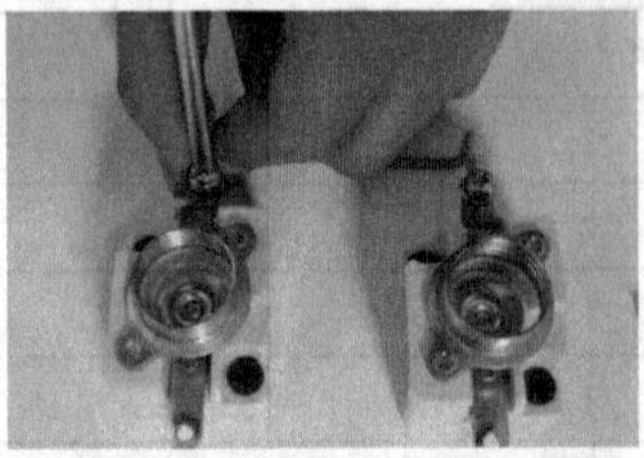	（4）安装熔断器至开关 S1 的导线 将两根导线顶端剥去 2cm 绝缘层→弯圈→将导线弯直角 Z 形→接入熔断器两上接线座上	1）剖削导线时不能损伤导线线芯和绝缘，导线连接时不能反圈 2）导线弯直角时要做到美观、导线走线时要紧贴接线板，要横平竖直，平行走线，不交叉
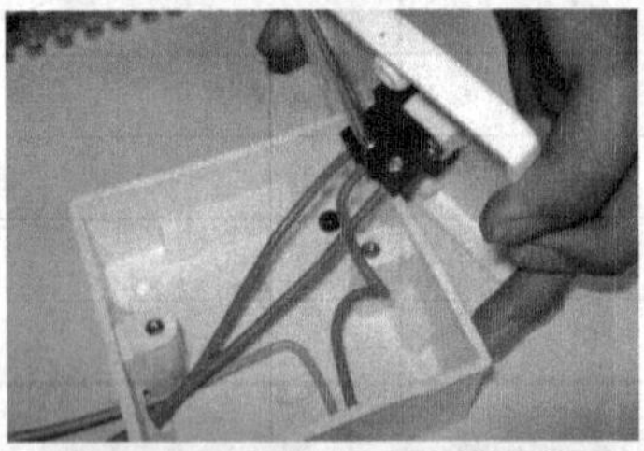	（5）开关 S1 面板接线 将来自于熔断器的相线接在中间接线座上，再用两根导线接在另两个接线座上	1）中间接线座必须接电源进线，另两个接出线，线头需弯折压接 2）开关必须控制相线 3）中性线不剪断直接从开关盒引到熔断器
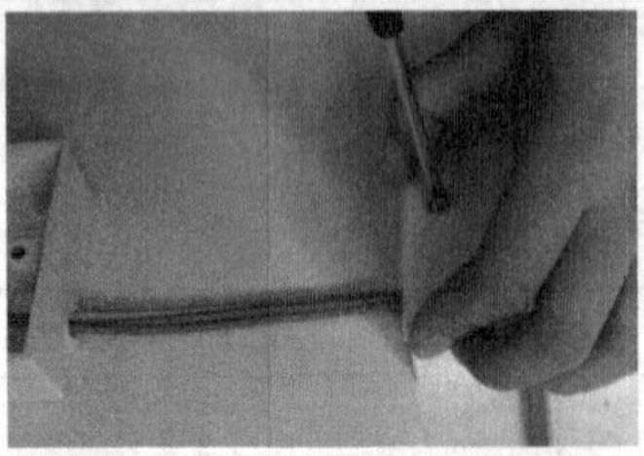	（6）固定开关 S1 面板 将接好线的开关 S1 面板安装固定在开关接线盒上	1）固定开关面板前，应先将三根出线穿出接线盒右边的孔 2）固定开关面板时，其内部的接线头不能松动，同时捋直两根电源进线
	（7）安装两开关盒之间的导线 将来自开关 S1 的两根相线和一根中性线引至开关 S2 的接线盒中	1）走线要美观、要节约导线 2）两开关盒之间有三根导线 3）中性线不剪断直接从开关 S2 接线盒引到开关 S1 接线盒中

续表

实训图片	操作方法	注意事项
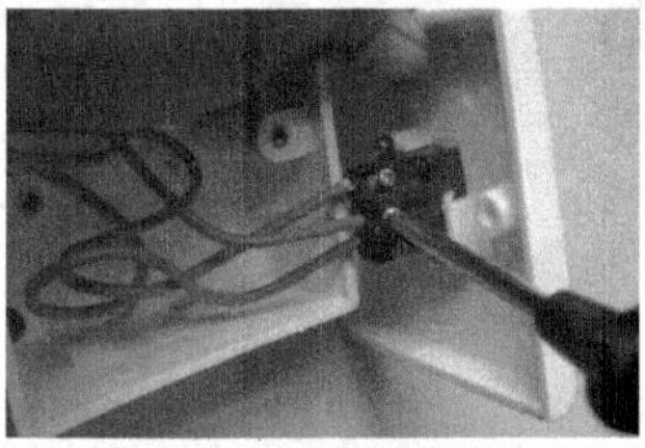	（8）开关 S2 面板接线 将来自开关 S1 接线盒的两根相线接在左、右两边两个接线座上，再用一根导线接在中间一个接线座上	1）左、右两边两个接线座必须接电源进线，中间一个接出线，线头需弯折压接 2）开关必须控制相线 3）中性线不剪断直接从开关盒引到熔断器
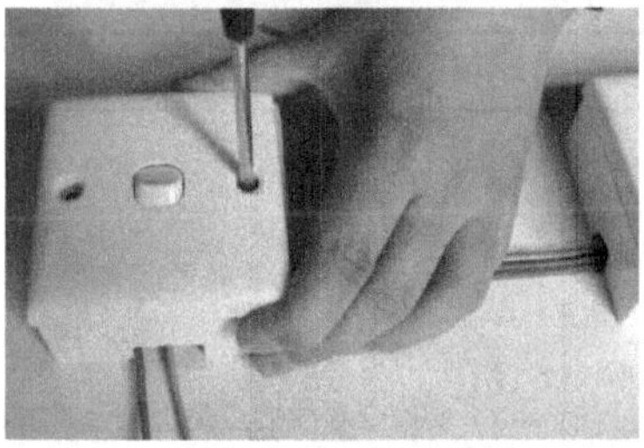	（9）固定开关 S2 面板 将接好线的开关 S2 面板安装固定在开关接线盒上	1）固定开关面板前，应先将两根出线穿出接线盒上边的孔 2）固定开关面板时，其内部的接线头不能松动，同时理顺捋直两开关之间的三根导线
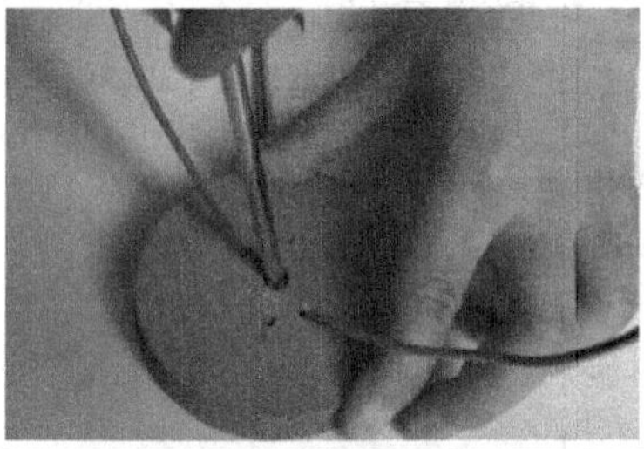	（10）安装圆木 将来自开关 S2 接线盒的两根导线穿入圆木中事先钻好的两孔中一定的长度，然后将圆木固定在接线板上	1）安装圆木前先在圆木的任一边缘开一 2cm 的口，在圆木中间钻一孔、以便固定 2）固定圆木的木螺钉不能太大，以免撑坏圆木
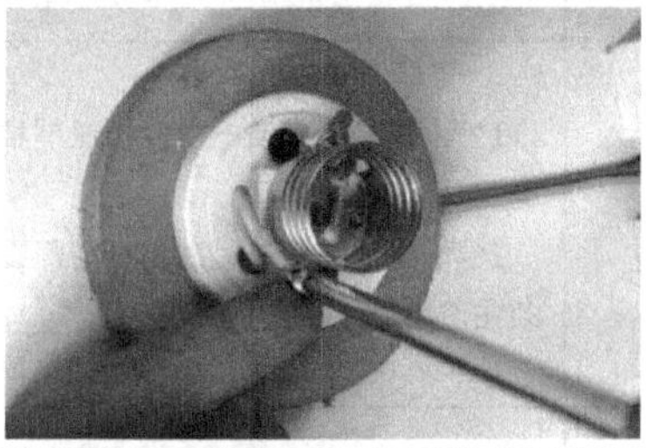	（11）安装螺口平灯座 将穿过圆木的两根导线从平灯座底部穿入，再连接在灯座的接线座上，然后将灯座固定在圆木上，最后旋上灯座胶木外盖	1）连通螺纹圈的接线座必须与电源的中性线（零线）连接 2）中心簧片的接线座必须与来自开关 S2 的一根线（开关线）连接 3）接线前应绷紧拉直外部导线
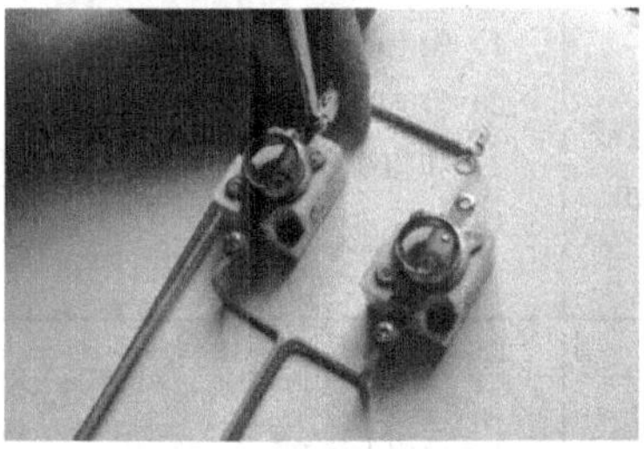	（12）安装端子排至熔断器导线 截取两根一定长度的导线，将导线理顺拉直，一端弯圈、弯直角接在熔断器下接线座上，另一端与端子排连接	1）接线前应绷紧拉直导线 2）导线弯直角时要做到美观，导线走线时要紧贴接线板，要横平竖直，平行走线，不交叉 3）导线连接时要牢固、不反圈

练一练

请画出白炽灯两地控制电路的原理图，并根据原理图设计布置图和接线图。

活动 2　检测双控电路

1. 检查电路并通电测试

双控电路的检测方法见表 6-4-4。

表 6-4-4　双控电路的检测方法

实训图片	操作方法	注意事项
	（1）目测检查 根据电路图或接线图从电源开始看线路有无漏接、错接	1）检查时要断开电源 2）要检查导线接点是否符合要求、压接是否牢固 3）要注意接点接触是否良好 4）要用合适的电阻挡位进行检查，并进行“调零” 5）检查时可手动按下开关
	（2）万用表检查 用万用表电阻挡检查电路有无开路、短路情况。装上灯泡，万用表两表笔搭接熔断器两出线端，按下任一开关指针应指向“0”；再按一下开关指针应指向“∞”	
	（3）接通电源 将单相电源接入接线端子排对应下接线座	1）由指导老师监护学生接通单相电源 2）学生通电试验时，指导老师必须在现场进行监护
	（4）验电 用好的 380V 验电器在熔断器进线端进行验电，以区分相线和中性线	1）验电前，确认学生已穿绝缘鞋 2）验电时，学生操作应规范 3）如相线未进开关，应对调电源进线
	（5）安装熔体 将合适的好的熔体放入熔断器瓷套内，然后旋上瓷帽	1）先旋上瓷套 2）熔体的熔断指示（小红点）应在上面

续表

实训图片	操作方法	注意事项
① ② ④ ③	（6）按下开关试灯 装上灯泡，按下开关 S1，灯亮，再按一下，灯灭；按下开关 S2，灯亮，再按一下，灯灭	按下开关后若出现故障，应在老师的指导下进行检查，找出故障原因后，排除故障后，方能通电

2. 两地控制照明电路的常见故障及检修方法

两地控制照明电路的常见故障及检修方法见表 6-4-5。

表 6-4-5 两地控制照明电路的常见故障及检修方法

故障现象	产生原因	检修方法
按下任一开关，灯泡都不亮	灯泡钨丝烧断	调换新灯泡
	电源熔断器的熔丝烧断	检查熔丝烧断的原因并更换同规格熔丝
	灯座或开关接线松动或接触不良	检查灯座和开关的接线处并修复
	线路中有断路故障	用验电笔检查线路的断路处并修复
	接线错误	用万用表检查线路的通断情况
	灯座或开关接线松动	检查灯座和开关并修复
灯泡忽亮忽灭	灯丝烧断，但受振动后忽接忽离	更换灯泡
	灯座或开关接线松动	检查灯座和开关并修复
	熔断器熔丝接触不良	检查熔断器并修复
	电源电压不稳	检查电源电压不稳定的原因并修复
按下任一开关，灯有时亮有时不亮	灯座或开关接线松动或接触不良	检查灯座和开关的接线处并修复
	两开关之间的两根线有一根断线	用万用表检查线路的通断情况，并更换
	相线或到灯泡的进线有一处未接开关中间接线座	检查两开关的接线情况并修复
灯长亮	接线错误	检查两开关的接线情况并修复

练一练

1. 设计一照明控制电路，要求如下：一个开关控制一盏白炽灯，电路中须安装一插座，但插座不受开关控制。

2. 根据白炽灯两地控制电路图安装和检测一组双控电路。

任务评价

任务评价表见表 6-4-6。

表 6-4-6 任务评价表

序号	评价指标	配分	评分标准	扣分	得分
1	元件检查	5 分	电气元件是否漏检或错检		
2	安装元件	5 分	不按布置图安装		
		3 分	元件安装不牢固		
		2 分	元件安装不整齐、不合理、不美观		
		5 分	损坏元件		
3	布线	10 分	不按电路图接线		
		5 分	布线不符合要求		
		5 分	接点松动、露铜过长、反圈		
		5 分	损伤导线绝缘或线芯		
		5 分	中性线是否经过开关		
		10 分	开关是否控制相线		
4	通电试灯	15 分	按下开关熔体熔断		
		10 分	按下任一开关灯均不亮		
		5 分	一开关受控制，另一开关不受控制		
5	安全规范	5 分	是否穿绝缘鞋		
		5 分	操作是否规范安全		
总分					

任务 5 安装与检测配电箱

知识目标

1）了解配电箱的组成。

2）了解配电箱的用途。

技能目标

1）认识配电箱内的各种器件。

2）会安装配电箱。

3）会检测配电箱。

配电箱是连接电源与用电设备的中间装置，它除了用于分配电能外，还具有对用电设备进行控制、测量、指示与保护功能。配电箱在生活中具有广泛的应用，其实物如图 6-5-1 所示。

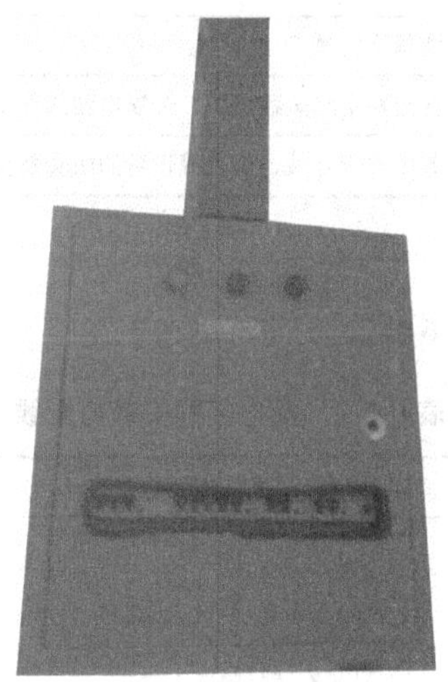

图 6-5-1　低压配电箱

活动 1　安装配电箱

1. 认识照明配电箱电路

照明配电箱电路如图 6-5-2 和图 6-5-3 所示。

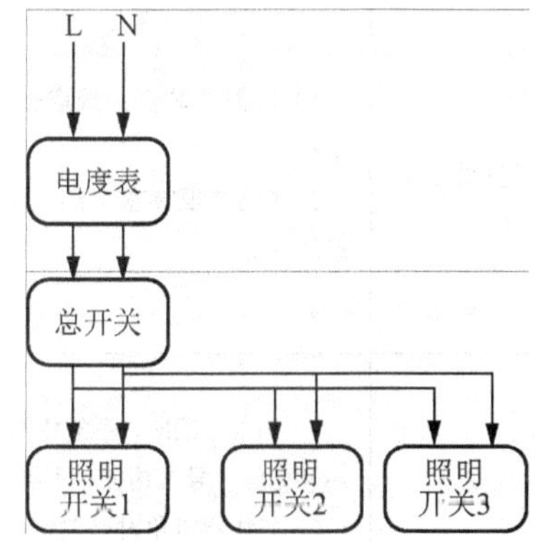

图 6-5-2　配电箱接线图

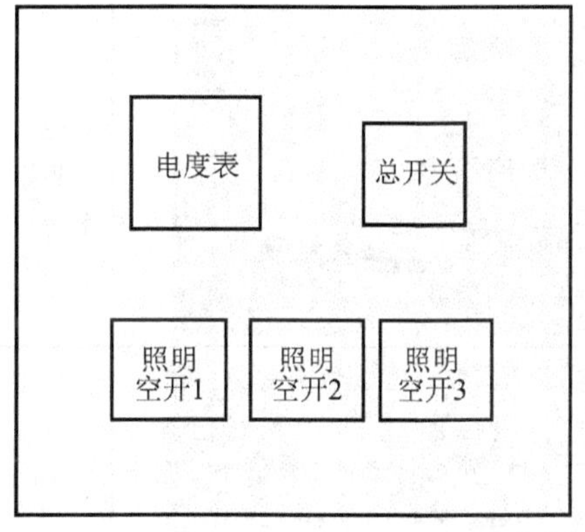

图 6-5-3　配电箱布置图

2. 选择控制电路元器件

照明配电箱的主要元器件见表 6-5-1。

表 6-5-1 照明配电箱主要元器件清单

元件名称	数量	作用
电度表	1 个	测量用电量
低压断路器	1 个	在电路中起短路保护、分断电路的作用
配电箱	1 个	集中安装开关、仪表等设备的成套装置

3. 照明配电箱的安装

按要求安装配电箱，详见表 6-5-2。

表 6-5-2 配电箱的安装与配线

实训图片	操作步骤与方法	注意事项
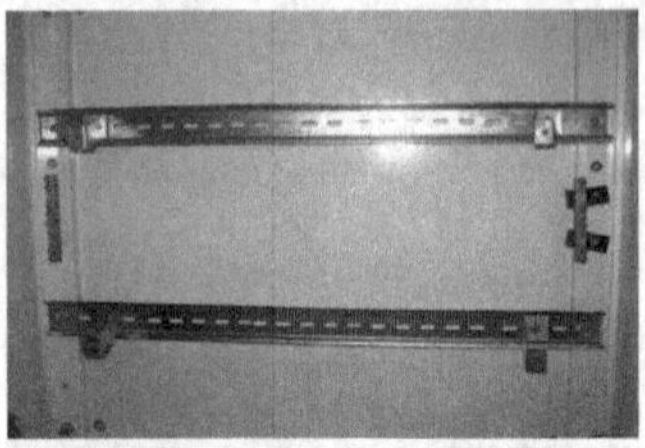	（1）安装导轨	根据需要将导轨安装在合适的位置，用螺钉固定好。 导轨安装要水平，并使盖板低压断路器操作孔相匹配
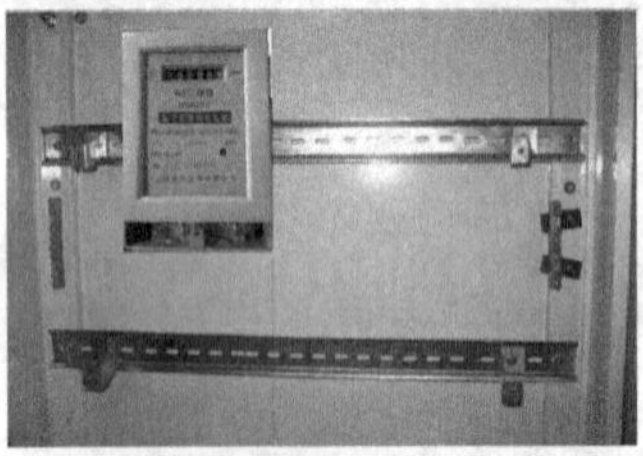	（2）安装电度表 根据布置图用螺钉将电度表固定在导轨上	两个开关接线盒侧面的圆孔（穿线孔）一个开右上侧的孔，另一个开左下侧的孔
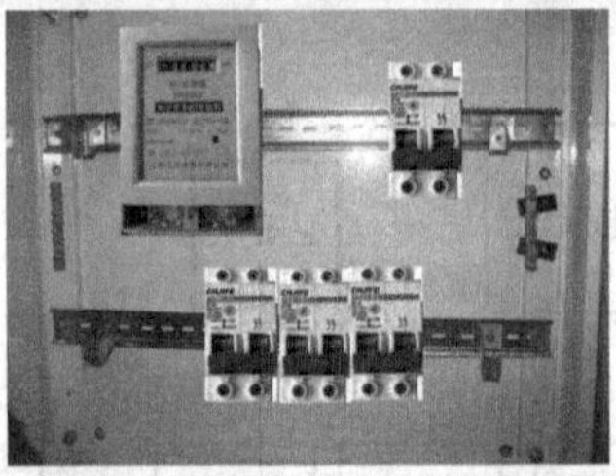	（3）安装低压断路器 根据布置图将低压断路器安装于导轨上	1）根据安装任务选取合适的端子排 2）端子排固定要牢固，无缺件，绝缘良好
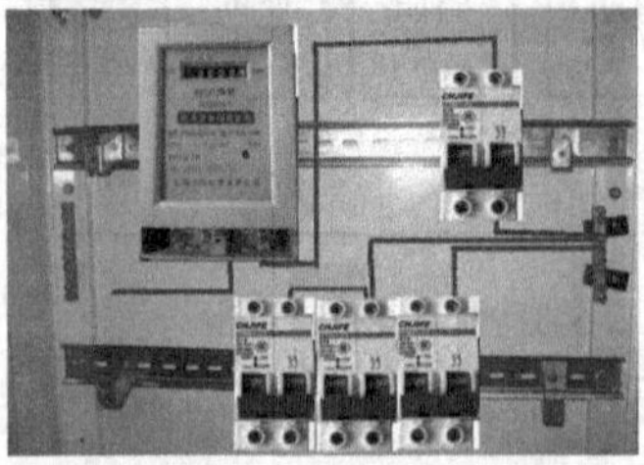	（4）中性线配线	1）剖削导线时，不能损伤导线线芯和绝缘，导线连接时不能反圈 2）导线弯直角时要做到美观，导线走线时要紧贴接线板，要横平竖直，平行走线，不交叉

续表

实训图片	操作方法	注意事项
	（5）相线配线	1）剖削导线时，不能损伤导线线芯和绝缘，导线连接时不能反圈 2）导线弯直角时要做到美观，导线走线时要紧贴接线板，要横平竖直，平行走线，不交叉
	（6）导线绑扎	1）导线要用塑料扎带绑扎，扎带大小要合适，间距要均匀，一般为100mm 2）扎带扎好后，不用的部分要用钳子剪掉

练一练

1. 请画出配电箱接线图和布置图。
2. 请简述配电箱的安装方法。

活动2 检测配电箱

安装完配电箱后，还需要对配电箱进行检测，以确定其是否能正常使用；或者当电路出现故障时，要判定是否是配电箱出现了问题，此时也需要对配电箱进行检测。那么，应该怎样检测呢？下面就来进行配电箱的检测。

1. 通过观察进行判断

1）导线部分的各节点是否有过热和弧光灼伤现象。

2）各种仪表及指示灯是否完整，是否指示正确。

3）箱门是否破损，户外照明箱有无漏水、进水现象。

4）铁制照明箱的外壳是否可靠接地。

2. 配电箱的内部检测

配电箱的内部检测方法见表6-5-3。

表 6-5-3　配电箱的内部检测

实训图片	操作方法	注意事项
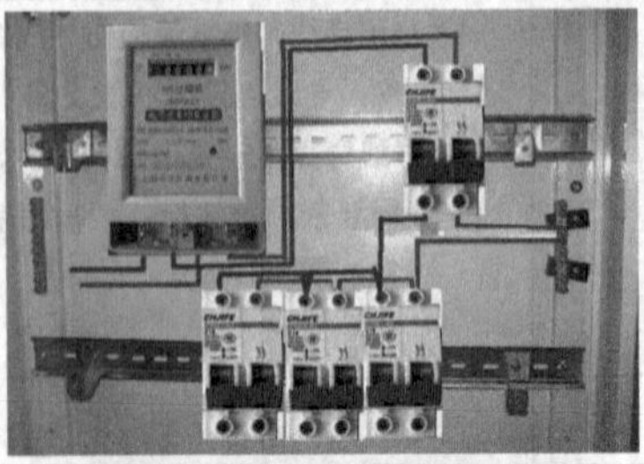	（1）目测检查 根据电路图或接线图从电源开始看线路有无漏接、错接	1）检查时要断开电源 2）要检查导线接点是否符合要求、压接是否牢固 3）要注意接点接触是否良好 4）要用合适的电阻挡位进行检查，并进行“调零” 5）检查时，可合上低压断路器
	（2）万用表检查 用万用表电阻挡检查电路有无开路、短路的情况	
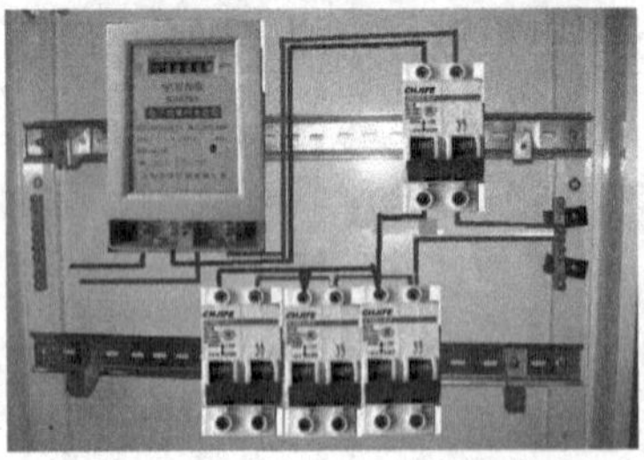	（3）接通电源，合上低压断路器，用验电笔对各节点进行验电	1）由指导老师监护学生接通单相电源 2）学生通电试验时，指导老师必须在现场进行监护 3）验电前，确认学生是否已穿绝缘鞋 4）验电时，学生操作应规范 5）如相线未进开关，应对调电源进线

练一练

1. 设计一家庭照明配电箱，要求如下：配电箱能将电源分成五路，分别是 3 路用于照明，1 路用于插座，1 路用于空调，并能对家庭的用电量进行测量，完成配电箱的安装与检测。

2. 根据家用配电箱的设计图，安装和检测配电箱。

任务评价

任务评价见表 6-5-4。

表 6-5-4 任务评价表

序号	评价指标	配分	评分标准	扣分	得分
1	元件检查	5 分	电气元件是否漏检或错检		
2	安装元件	5 分	不按布置图安装		
		5 分	元件安装不牢固		
		5 分	元件安装不整齐、不合理、不美观		
		5 分	损坏元件		
3	布线	10 分	不按电路图接线		
		5 分	布线不符合要求		
		10 分	接点松动、露铜过长、反圈		
		10 分	损伤导线绝缘或线芯		
4	通电检测	15 分	主电路低压断路器能对电路进行正常控制		
		10 分	各控制电路低压断路器能实现相应控制功能		
		5 分	电度表能正常工作		
5	安全规范	5 分	是否穿绝缘鞋		
		5 分	操作是否规范安全		
总分					

参考文献

陈国培．2006．电子技能实训——中级篇[M]．北京：人民邮电出版社．

刘志平．2001．电工技术基础[M]．北京：高等教育出版社．

聂广林．2009．电工技能与实训[M]．重庆：重庆大学出版社．

聂广林．2010．电工技术基础与技能（国规教材）[M]．重庆：重庆大学出版社．

杨海祥．2005．电子整机产品制造技术[M]．北京：机械工业出版社．

曾祥富．2006．电工技能与实训[M]．北京：高等教育出版社．

赵争召．2012．电子技术[M]．重庆：重庆大学出版社．

左德俊．2001．物业电工[M]．北京：中国劳动社会保障出版社．